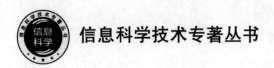

信息科学技术专著丛书

基于位置的服务——问题、算法及实验

刘雅琼　编著

U0282462

北京邮电大学出版社
www.buptpress.com

内 容 简 介

本书共分八章，重点研究了几种典型的基于位置的服务（LBS），如道路网络的基于地理空间距离的邻近检测、时间感知道路网络中基于时间距离的临近检测、基于 GPS 轨迹推荐兴趣点（POI）、时间相关道路网络中的成本最优路径查找、时间相关道路网络中带约束的节能路径查找等。对于每种典型的基于位置的服务，从研究者的角度，详细地介绍了其背景、研究动机、问题描述、算法模型、实验结果等；还补充了市场上对具体 LBS 位置服务问题的研究等内容。

本书所述的对具体 LBS 的研究方法及实验分析，对从事 LBS 相关研究的科技工作者及相关硕博研究生具有较大的启发与指导。

图书在版编目（CIP）数据

基于位置的服务：问题、算法及实验/ 刘雅琼编著. -- 北京：北京邮电大学出版社，2020.8
ISBN 978-7-5635-6181-0

Ⅰ.①基… Ⅱ.①刘… Ⅲ.①移动通信－无线电定位－最佳位置确定 Ⅳ.①TN929.5

中国版本图书馆 CIP 数据核字（2020）第 149966 号

策划编辑：姚 顺 刘纳新　　　责任编辑：满志文　　　封面设计：七星博纳

出版发行：北京邮电大学出版社
社　　　址：北京市海淀区西土城路 10 号
邮政编码：100876
发 行 部：电话：010-62282185 传真：010-62283578
E-mail：publish@bupt.edu.cn
经　　销：各地新华书店
印　　刷：北京玺诚印务有限公司
开　　本：787 mm×1 092 mm　1/16
印　　张：9.25
字　　数：228 千字
版　　次：2020 年 8 月第 1 版
印　　次：2020 年 8 月第 1 次印刷

ISBN 978-7-5635-6181-0　　　　　　　　　　　　　定 价：38.00 元

前　言

移动互联网、智能手机与 GPS 技术的应用带动了基于位置的服务（Location Based Service，LBS）的发展。基于位置的服务也称为移动定位服务（Mobile Position Services，MPS），通常简称位置服务。其是利用各类型的定位技术来获取用户当前的地理位置，通过移动互联网以及地理信息系统（GIS）技术向用户提供信息资源和基础服务。在基于位置的服务中融合了移动通信、互联网络、空间定位、位置信息、大数据等多种信息技术，利用移动互联网网络服务平台进行数据更新和交互，使用户可以通过空间定位来获取相应的服务。

目前我国在 LBS 方面已经出版了一些优秀专著、译著或教材。本书与现有专著、译著或教材相比，主要特色包括如下两方面。

一方面，现有专著、译著或教材大多是面向社会大众对 LBS 的概念、LBS 系统建设的系列关键技术、LBS 系统的基本原理与系统架构等进行普及，并非从科研人员的角度对从事 LBS 相关研究所遇到的科研问题、该问题的解决方案、所提出的算法模型，以及对解决方案的评估结果等方面进行阐述，其目的是向社会大众普及 LBS 相关知识。而本书以 LBS 相关方向科研人员的角度，重点面向 LBS 的科研及应用需求，讲述若干 LBS 科研问题的背景、研究动机、问题表述、研究目标、解决思路、方法、结果等，专业性及应用性较强。因此，本书特别适合于从事 LBS 研究和应用的科研人员和高校师生阅读。

另一方面，现有专著或教材对于具体 LBS 问题的求解方法缺乏系统介绍。而本书对五个典型的 LBS 问题的具体求解方法分别进行了详细阐述。如，道路网络基于地理空间距离的邻近检测问题，其研究目标是提出解决方案能够在实现邻近检测的同时，降低通信成本及计算成本。本书首先为道路网络建模，给出了详细的道路网络邻近检测问题的定义。为了降低通信成本，本书详细介绍了两种解决方案，一是基于三个剪枝引理，提出了固定半径的移动安全区域的算法，该算法可以实现邻近检测，并能产生较低的通信成本；二是基于动态自调整半径的移动安全区域的算法，该算法能够进一步降低通信成本。为了降低服务器端的计算成本，本书提出了计算成本优化方法，包括通知策略的优化、道路网络每对节点之间网络距离预计算，以及触发时间技术等。同时，本书在两个真实世界的道路网络上对所提算法、方法进行了实验，实验结果表明了本书所提解决方案的有效性、可扩展性。

因此，本书着重以科研人员的角度去研究 LBS 的问题表述、解决方案（算法模型）、实验结果，以期弥补当前 LBS 领域对具体 LBS 问题算法模型方面的不足。

本书围绕道路网络的基于地理空间距离的邻近检测、时间感知道路网络中基于时间距离的临近检测、基于 GPS 轨迹推荐兴趣点（POI）、时间相关道路网络中的成本最优路径查找、时间相关道路网络中带约束的节能路径查找，五个典型的 LBS 问题依次展开论述。主要分为 8 章，分述如下。

第 1 章是绪论，简要介绍这五个 LBS 问题的背景、研究动机、问题描述以及研究目标等。

第 2 章是相关研究，回顾了近些年来有关 LBS、道路网络邻近检测、POI 推荐、最优路径查找等方面的相关工作。

第 3 章～第 7 章分别详细阐述这五大 LBS 问题的具体的算法模型以及对这些算法模型进行评估的实验结果。

第 8 章对本书内容进行总结，并对未来工作进行展望。

本书是在作者近些年来在 LBS 方向研究成果的基础上编著写而成的，部分内容已以学术论文的形式发表在国外著名会议及期刊上。

本书的出版得到了北京邮电大学出版社的大力支持，在此表示诚挚的谢意。由于作者水平有限，书中难免有不足之处，殷切地欢迎广大读者和专家批评、指正。

刘雅琼

于北京邮电大学

目　录

第1章　绪论 ……………………………………………………………… 1

1.1　基于位置的服务的背景 ……………………………………………… 1

1.2　LBS 的典型应用 ……………………………………………………… 1

1.2.1　道路网络中基于地理空间距离的邻近检测 ……………… 1

1.2.2　时间感知道路网络中基于时间距离和移动边缘计算的临近检测 …… 3

1.2.3　由 GPS 轨迹进行兴趣点推荐 ……………………………… 4

1.2.4　时间相关道路网络中的成本最优路径查询 ……………… 6

1.2.5　时间感知道路网络中带约束的节能路径规划 …………… 7

1.3　本书贡献总结 …………………………………………………………… 8

1.4　本书章节安排 …………………………………………………………… 10

第2章　相关研究 ……………………………………………………… 11

2.1　基于位置的服务 ……………………………………………………… 11

2.1.1　LBS 相关内容 ……………………………………………… 11

2.1.2　LBS 的位置管理 …………………………………………… 11

2.2　连续空间查询处理 …………………………………………………… 12

2.3　邻近(临近)检测 ……………………………………………………… 13

2.3.1　道路网络中的通信模型 …………………………………… 13

2.3.2　欧几里得空间的邻近检测解决方案 ……………………… 14

2.3.3　道路网络空间的邻近检测解决方案 ……………………… 15

2.3.4　时间感知道路网络空间的临近检测解决方案 …………… 15

2.4　POI 推荐 ……………………………………………………………… 16

2.4.1　聚类算法 …………………………………………………… 16

2.4.2　相似性度量 ………………………………………………… 16

2.4.3　位置识别和推荐 …………………………………………… 17

2.4.4　利用时间信息的推荐 ……………………………………… 18

2.4.5　利用地理信息的推荐 ……………………………………… 18

2.5　时间相关道路网络中成本最优的路径查询 ………………………… 18

2.5.1　传统路线规划问题 ………………………………………… 19

2.5.2　静态道路网络中的路线规划 ··· 19

2.5.3　传统的时间相关的路径查找问题 ··· 19

2.5.4　节能路径规划 ··· 19

2.5.5　其他路径规划工作 ··· 20

2.5.6　与其他成本最优路径规划问题的比较 ·· 20

2.6　时间感知道路网络中带约束的节能路径查找 ·· 20

2.6.1　传统路线规划问题和静态道路网络中的路线查询 ································ 20

2.6.2　无旅行时间预算约束的时间感知路径查找 ······································· 21

2.6.3　最低能耗路径规划 ··· 21

2.6.4　适用于 WCSPP 的方法 ·· 21

2.6.5　工作的新颖性 ··· 21

2.7　本章小结 ··· 22

第3章　道路网络中基于地理空间距离的邻近检测 ······································· 23

3.1　邻近检测问题定义 ··· 23

3.2　固定半径移动检测方法 ··· 24

3.2.1　客户端-服务器通信模型 ·· 25

3.2.2　安全移动区域 ··· 25

3.2.3　剪枝引理 ·· 26

3.2.4　服务器端和客户端算法 ·· 28

3.2.5　FRMD 的通信成本分析 ·· 29

3.3　自动调整方法 ·· 31

3.3.1　RMD_{RN}/CMD_{RN} 方法 ··· 31

3.3.2　基于半径的应激移动检测方法 ··· 32

3.4　服务器端计算成本优化 ··· 33

3.4.1　通知策略的优化 ·· 33

3.4.2　每对节点间网络距离的计算 ·· 33

3.4.3　触发时间技术 ··· 34

3.5　实验 ·· 34

3.5.1　实验设置 ·· 34

3.5.2　FRMD 实验 ·· 35

3.5.3　自动调整方法性能实验 ·· 36

3.5.4　服务器端计算成本优化实验 ·· 38

3.5.5　现实世界中移动物体的实验 ·· 39

3.6　结论 ·· 40

3.7　本章小结 ··· 40

第4章 时间感知道路网络中基于移动边缘计算的临近检测 ‥‥‥‥‥‥‥‥‥ 41

4.1 问题陈述 ‥‥‥‥‥‥‥‥‥‥‥‥‥‥‥‥‥‥‥‥‥‥‥‥‥‥‥‥‥‥‥‥ 41

4.1.1 定义和符号 ‥‥‥‥‥‥‥‥‥‥‥‥‥‥‥‥‥‥‥‥‥‥‥‥‥‥ 41

4.1.2 问题设定 ‥‥‥‥‥‥‥‥‥‥‥‥‥‥‥‥‥‥‥‥‥‥‥‥‥‥‥ 43

4.2 基于 MEC 的临近检测体系架构 ‥‥‥‥‥‥‥‥‥‥‥‥‥‥‥‥‥‥ 43

4.3 算法:基于时间的移动区域检测方法 ‥‥‥‥‥‥‥‥‥‥‥‥‥‥‥ 44

4.3.1 时间感知网络中的移动区域 ‥‥‥‥‥‥‥‥‥‥‥‥‥‥‥‥‥ 45

4.3.2 剪枝引理 ‥‥‥‥‥‥‥‥‥‥‥‥‥‥‥‥‥‥‥‥‥‥‥‥‥‥‥ 45

4.3.3 客户端和服务器端算法 ‥‥‥‥‥‥‥‥‥‥‥‥‥‥‥‥‥‥‥ 47

4.4 服务器端计算成本优化 ‥‥‥‥‥‥‥‥‥‥‥‥‥‥‥‥‥‥‥‥‥‥ 49

4.4.1 线下点到点网络距离预计算 ‥‥‥‥‥‥‥‥‥‥‥‥‥‥‥‥ 49

4.4.2 使用 OpenMP 进行并行计算 ‥‥‥‥‥‥‥‥‥‥‥‥‥‥‥‥ 49

4.5 实验 ‥‥‥‥‥‥‥‥‥‥‥‥‥‥‥‥‥‥‥‥‥‥‥‥‥‥‥‥‥‥‥‥‥ 49

4.5.1 实验设置 ‥‥‥‥‥‥‥‥‥‥‥‥‥‥‥‥‥‥‥‥‥‥‥‥‥‥‥ 49

4.5.2 TMRBD 实验 ‥‥‥‥‥‥‥‥‥‥‥‥‥‥‥‥‥‥‥‥‥‥‥‥‥ 50

4.5.3 MEC 对通信时延的减少实验 ‥‥‥‥‥‥‥‥‥‥‥‥‥‥‥‥ 52

4.5.4 MEC 影响通信成本的实验 ‥‥‥‥‥‥‥‥‥‥‥‥‥‥‥‥‥ 53

4.5.5 服务器端计算成本优化技术的实验 ‥‥‥‥‥‥‥‥‥‥‥‥‥ 54

4.6 结论 ‥‥‥‥‥‥‥‥‥‥‥‥‥‥‥‥‥‥‥‥‥‥‥‥‥‥‥‥‥‥‥‥‥ 55

4.7 本章小结 ‥‥‥‥‥‥‥‥‥‥‥‥‥‥‥‥‥‥‥‥‥‥‥‥‥‥‥‥‥‥ 56

第5章 基于 GPS 轨迹的兴趣点推荐 ‥‥‥‥‥‥‥‥‥‥‥‥‥‥‥‥‥‥‥ 57

5.1 问题定义和框架概述 ‥‥‥‥‥‥‥‥‥‥‥‥‥‥‥‥‥‥‥‥‥‥‥‥ 57

5.2 兴趣点推荐模型框架详述 ‥‥‥‥‥‥‥‥‥‥‥‥‥‥‥‥‥‥‥‥‥ 58

5.2.1 数据预处理 ‥‥‥‥‥‥‥‥‥‥‥‥‥‥‥‥‥‥‥‥‥‥‥‥‥‥ 58

5.2.2 提取语义 POI ‥‥‥‥‥‥‥‥‥‥‥‥‥‥‥‥‥‥‥‥‥‥‥‥‥ 59

5.2.3 挖掘受欢迎度效应 ‥‥‥‥‥‥‥‥‥‥‥‥‥‥‥‥‥‥‥‥‥‥ 60

5.2.4 挖掘时间效应 ‥‥‥‥‥‥‥‥‥‥‥‥‥‥‥‥‥‥‥‥‥‥‥‥ 61

5.2.5 挖掘地理效应 ‥‥‥‥‥‥‥‥‥‥‥‥‥‥‥‥‥‥‥‥‥‥‥‥ 64

5.2.6 统一推荐计分函数 ‥‥‥‥‥‥‥‥‥‥‥‥‥‥‥‥‥‥‥‥‥‥ 65

5.3 实验 ‥‥‥‥‥‥‥‥‥‥‥‥‥‥‥‥‥‥‥‥‥‥‥‥‥‥‥‥‥‥‥‥‥ 66

5.3.1 实验设置 ‥‥‥‥‥‥‥‥‥‥‥‥‥‥‥‥‥‥‥‥‥‥‥‥‥‥‥ 67

5.3.2 预处理 ‥‥‥‥‥‥‥‥‥‥‥‥‥‥‥‥‥‥‥‥‥‥‥‥‥‥‥‥ 68

5.3.3 DTBJ-Cluster 与 DJ-Cluster 的比较 ‥‥‥‥‥‥‥‥‥‥‥‥ 69

5.3.4 PTG-Recommend 框架的性能评估 ‥‥‥‥‥‥‥‥‥‥‥‥‥ 70

5.4 结论 ··· 74

5.5 本章小结 ··· 74

第6章 时间相关道路网络中成本最优的路径查找 ················· 75

6.1 问题表述 ··· 75

6.1.1 问题设置和定义 ·· 75

6.1.2 油耗和行驶时间函数 ··· 78

6.1.3 通行费函数 ··· 80

6.2 算法 ··· 80

6.2.1 计算 n_s 的每个后代节点的最早到达时间 λ_i ··············· 81

6.2.2 计算候选节点的最新到达时间 θ_i ····························· 82

6.2.3 对候选节点进行拓扑排序 ··· 82

6.2.4 计算最低成本 ··· 83

6.2.5 回溯成本最优路径 ·· 85

6.2.6 时间复杂度分析 ··· 87

6.3 实验 ··· 88

6.3.1 实验数据集 ··· 89

6.3.2 简化的通行费函数 ·· 89

6.3.3 实验目的和角度 ··· 89

6.3.4 参数的默认值和实验设置 ··· 90

6.3.5 实验结果 ··· 91

6.4 结论 ··· 98

6.5 本章小结 ··· 98

第7章 时间感知道路网络中带约束的节能路径规划 ················· 99

7.1 问题表述 ··· 99

7.2 算法 ··· 101

7.2.1 预处理 ··· 102

7.2.2 作为基准的蛮力求解法 ··· 102

7.2.3 通用动态规划解决方案:标签设置算法 ····················· 103

7.2.4 近似算法 ECScaling ·· 105

7.2.5 贪心算法 ··· 111

7.3 实验 ··· 112

7.3.1 实验设置 ··· 113

7.3.2 算法评估 ··· 114

7.4 结论 ··· 118

7.5 本章小结 ··· 118

第 8 章　总结与展望 ·· 119

8.1　总结 ·· 119

8.2　展望 ·· 120

8.2.1　从某地到推荐 POI 的最佳路径查找 ····································· 121

8.2.2　从 GPS 轨迹挖掘语义模式 ·· 121

8.2.3　动态道路网络中的多偏好路径查找 ····································· 122

8.2.4　基于校园 WiFi 轨迹的学习成绩预测 ··································· 123

参考文献··· 124

第1章 绪 论

在本章中,首先介绍基于位置的服务的背景,其次,介绍几个基于位置的服务的产生背景、研究动机、问题描述,并说明这几个基于位置的服务所要达到的目标和所需要的方法。最后,简述本书的内容安排。

1.1 基于位置的服务的背景

基于位置的服务(Location-Based Services,LBS)是指为移动用户提供基于位置的信息的服务。它们取决于与移动用户关联的位置信息。它们也可能取决于其他因素,如用户的兴趣或偏好[28]。LBS会考虑移动对象的地理位置,以便为用户创建、编译、组合、过滤或选择信息。发送给用户的位置信息是指其自身的位置,这就是为什么大多数LBS被视为自参考服务的原因。

LBS通过考虑移动用户的位置来提供定制信息。它们推动了众多应用程序的开发。如位置感知服务(如临近检测)、追踪服务(如追踪重要人物或车辆)、查找服务(如定位感兴趣的地点、博物馆或礼堂)、导航服务(如与位置相关的数字旅行助手)和紧急服务(如路边援助)[59]。

一个LBS能够将可能影响许多用户的交通阻塞通知给用户。通过LBS,用户会被告知其朋友的当前位置。其他一些LBS可能会追踪公共交通工具、危险品、保安人员、警车或紧急车辆的位置。比如,"Catch the Monster"(抓怪物)游戏是LBS的典型实例,它允许一组用户一起工作,目的是在虚拟世界中包围并捉住地理定位的"Monster"(怪物)。LBS可以向移动用户提供有用的信息,例如,在道路网络中找到一条合适的路线。

1.2 LBS的典型应用

1.2.1 道路网络中基于地理空间距离的邻近检测

在本节中,我们会阐述第一个与LBS相关的空间查询问题,即道路网络中的邻近检测。

1. 背景

邻近检测是LBS的一项重要的高级功能。邻近检测是一项LBS,它可以自动且连续地检测一组移动用户中的两个用户是否彼此接近预定的邻近距离。在欧几里得空间中,邻近检测问题的定义:给定一组运动物体,描述其朋友关系的社交网络G_s,以及对每个朋友对的欧氏距离阈值$\varepsilon_{i,j}$,服务器报告每个朋友对$<u_i,u_j>$是否满足两个条件:一是物体u_i和u_j在G_s中相邻;二是描述物体u_i和u_j欧氏距离的$\mathrm{dist}(u_i,u_i)$最大为$\varepsilon_{i,j}$。邻近检测代表性的应用包括儿童追踪、约会服务、车队管理和后勤、移动游戏和即时消息等。此外,邻近检测是更高级别查询(例如,群集检测或车队查询)的基础,该查询可检查附近是否有两个以上的用户,这也是对邻近检测查询的推广。

2. 研究动机

对于道路上的行人,他与每个朋友之间的距离是否超过一定阈值?对于在道路上行驶的汽车,该汽车与其他邻近汽车之间是否在安全距离?上面的问题就是道路网络中的邻近检测查询。

与移动对象相关联的邻近检测查询可在现实世界或虚拟世界中找到很多应用。GIS (Geographic Information System,地理信息系统)的大多数应用(例如交通挖掘任务、交通网络监控和路线选择)都需要在大型道路网络中有效支持邻近查询。

通常,在道路网络中,配备有 GPS(Global Positioning System,全球定位系统)发射器的运动物体可以记录其地理位置,并且这些运动物体可以彼此之间通过移动电话或与服务器进行通信。通常有两种通信模型:集中式客户端-服务器模型和分布式体系结构。

(1)在集中式客户端-服务器模型中,固定式中央服务器可以监测流量。邻近检测的一个关键点是在每个时间戳上确定每对朋友是否邻近,这可以由中央服务器计算。服务器可以询问物体的确切位置,移动物体可以将其位置更新到中央服务器,称之为服务器与每个客户端之间的通信。

(2)在分布式体系结构中,移动客户端两两通信,以判断它们是否邻近。

无论我们采用哪种架构,重要的优化目标是降低通信成本。因此,减少客户端-服务器体系结构下服务器与客户端之间交换的消息数量成了重中之重。如果有大量的更新或询问消息,那么通信成本肯定很高;在服务器端,服务器定期检查每对朋友之间的距离是否在邻近阈值,如果服务器询问未定期报告其位置的所有客户端,那询问成本肯定会很高。因此,有必要精简不必要的询问消息。具体方法如下:

(1)在客户端,直接更新策略是立即更新,这意味着客户端每次移动到新位置时,都会向中央服务器报告其新位置。

(2)简单的更新策略是定期更新,这意味着客户端会定期更新其位置。

上述两种策略虽然简单,但是会产生许多更新消息。因此,我们必须开发一种有效的更新方法以降低更新成本。

邻近检测问题的大多数现有解决方案都集中在欧几里得空间而非道路网络上。这些解决方案包括分布式解决方案(如 strips 算法[5])和集中式解决方案(如本书后的参考文献[134]提出的应用于欧几里得空间的自调整策略)。基于几种更新方法,便有几种现有的邻近检测策略。这些更新方法包括立即更新、定期更新、基于距离的更新和基于区域的更新等。由于邻近检测在道路网络有许多应用,因此探索道路网络中的邻近检测解决方案至关重要。解决道路网络中的邻近检测问题的现有解决方案很少。另外,在我们进行工作之前,还没有用于优化道路网络通信成本的自动调整技术。

为了加快 k 最近邻(K Nearest Neighbor,k-NN)和距离范围查询,在本书后的参考文献[67]中提出了一种网络图嵌入技术。但是,他们没有为邻近检测的查询提供任何解决方案。在本书后的参考文献[68]中提出了一种基于区域的更新策略来连续监控道路网络中的邻近情况。但是,他们的方法不同于我们的方法,并且他们也未提出自调整策略。因此,开发自调整策略使道路网络中邻近检测的通信成本最小化的需求变得至关重要。

3. 问题描述

类似于欧几里得空间中的邻近检测问题的定义,道路网络中的邻近检测查询的定义:给定一组移动对象 U、一个描述其朋友关系的网络图 G_S、一个所有移动用户在其中移动的道路网络 G,以及对于每一对朋友的网络距离阈值 $\varepsilon_{i,j}$,服务器需要报告满足网络距离 $\mathrm{dist}(u_i, u_i)$ 最大为 $\varepsilon_{i,j}$ 的每一对朋友 $<u_i, u_j>$。

4. 研究目标和提出的方法

对于邻近检测查询,我们的目标是开发可用于解决道路网络中邻近检测查询的有效解决方案,以大大降低通信成本。

为了实现这一目标,我们提出以下方法。

(1)为道路网络中的客户端和服务器提出了具有固定半径移动区域的更新和询问算法。在客户端-服务器体系结构中,客户端需要向服务器报告其位置、速度和其他移动参数。同时,服务器需要定期检查(如每个周期 ΔT)这些移动物体是否彼此邻近。服务器还会询问对象的位置。一个简单而直接的策略是,客户端每隔 ΔT 时间向服务器发送更新消息,或者每当客户端未能提供更新时,服务器就会对客户端进行询问。这是简单而直接的,但是效率低下,将导致较高的通信成本。因此,我们提出了一种基于移动区域的更新方法:只要客户没有移出其移动区域,客户端就不会向服务器报告其当前位置,以节省更新成本。同时,我们还提出了三个引理,通过利用两个客户端的移动区域之间的网络距离的下限和上限来剪枝服务器发送的不必要的询问消息,以降低询问成本。

(2)提出了一种自调整策略,以进一步降低总通信成本。如(1)所述,我们分别为客户端和服务器设计了算法。但是,对于固定半径的移动区域,较小的半径会导致较大的更新成本,而较大的半径会导致较大的询问成本,因此,必须有一个使总成本最小化的半径。为了更自动地最小化通信成本,还提出了一种自调整策略,该策略可以通过执行扩展和收缩来自动调整每个移动区域的半径,以分别降低更新和询问成本。

1.2.2 时间感知道路网络中基于时间距离和移动边缘计算的临近检测

在本节中,我们提出第二个与 LBS 有关的空间查询问题,即时间感知道路网络中基于时间距离和移动边缘计算的临近检测。

1. 背景

在道路网络中,如何有效地检测移动用户是否临近,被称为道路网络中的临近检测问题。在动态变化的道路网络中,对大量移动用户进行临近检测对于确保交通安全、保证辅助驾驶和实现未来大规模自动驾驶方面起着重要作用。

随着智能手机、PDA 或汽车导航系统等现代移动设备的普及以及 GPS、Wi-Fi、蜂窝基站定位或 A-GPS 等定位技术的发展,用户可以方便地获取其位置并将其位置信息发送到控制中心服务器或其他用户的移动设备。移动用户经常与服务器或其他用户通信,这会产生大量的通信消息,我们称之为通信成本。

2. 研究动机

大多数现有的临近检测解决方案采用传统的客户端-服务器(C/S)架构或绝对分布式的点对点(P2P)架构,基于地理空间距离(欧几里得距离或道路网络距离)进行检测,面临通信延迟长、计算时间长、通信成本高的瓶颈。此外,大多数现有的解决方案都指出了一个事实,即在大多数情况下,时间距离比地理空间距离更重要、更有意义。例如,自动驾驶车辆必须避免迎面而来的可能在短时间内与其碰撞的车辆,而不是与其平行的车辆,尽管这些车辆与它的地理距离非常近。另外,采用绝对分布式 P2P 结构可能会导致过多的通信消息,因为每两个用户在 P2P 体系结构中相互通信,而且 P2P 体系结构无法提供网络中所有移动用户临近状态的全局视图。因此,P2P 架构不适用于这个问题。相比之下,传统的客户端 - 服务器架构可以提供所有移动用户临近状态的全局视图,但是它面临着通信延迟和计算时间长的问题。

为了解决通信延迟问题,移动边缘计算(Mobile Edge Computing,MEC)于 2014 年由 ETSI(欧洲电信标准协会)提出。MEC 在移动网络边缘,在无线接入网络(Radio Access Network,RAN)内以及移动用户附近,提供了 IT 服务环境和云计算能力。在 MEC 架构中,服务器在边缘也有部署。MEC 平台可以通过增强边缘网络的计算和存储能力来减少网络延迟。作为 5G 的关键技术,MEC 创造了一条实现 5G 的有效途径。

3. 问题描述

给定一个时间感知的道路网络、一组移动物体和它们之间的朋友关系,以及时间阈值 T_ε,道路网络中的时间感知临近检测问题是找到一种解决方案,其不仅可以基于时间距离(时间距离定义为两个移动物体相遇所需的最短时间)连续地检测所有用户中的哪些用户临近,还可以实现降低通信成本、通信时延和计算成本的目的,从而节省网络带宽、提高临近检测的可靠性和效率。此处的时间距离是指两个用户彼此相遇所需的最短时间。

4. 研究目标和提出的方法

针对上述研究背景,基于时间距离研究时间感知道路网络临近检测问题,目标是提出一套解决方案,能同时降低通信成本、通信时延、计算成本。

针对本问题提出的方法如下:

(1)在时间感知网络中定义临近检测问题,并使用时间距离来度量两个用户是否临近;

(2)采用移动边缘计算(MEC)来设计基于 MEC 的临近检测架构,能够减少客户端与服务器之间的通信时延;

(3)提出一种基于移动区域的临近检测方法,包括客户端算法和服务器端算法,以解决时间感知临近检测问题,达到降低通信成本的目的;

(4)提出服务器端计算成本优化技术,减少服务器端的计算时间。

1.2.3 由 GPS 轨迹进行兴趣点推荐

在本节中,我们提出第三个与 LBS 有关的空间查询问题,即由 GPS 轨迹出发的兴趣点推荐。

1. 背景

移动设备和 LBS 的普及导致移动数据量的增加[89]。最近,位置感知移动设备和位置感知应用程序的成功使用推动了更多的 LBS 的发展。随着 GPRS、Wi-Fi 和蓝牙等无线通信的使用和普及,移动设备的数量大大增加。这些设备通常配备带有 GPS 的位置传感器,可以精确地确定设备的位置。例如,启用了 GPS 的设备可以记录纬度-经度位置,并将这些轨迹记录传输到中央服务器。借助这些设备,人们可以获取其当前位置,发现附近对于他们个人的重要地点,并规划通往目的地的便捷路线。这种无处不在的技术的普及导致大量GPS 轨迹数据的可用性增加[89]。例如,许多用户喜欢记录他们的露天活动以形成 GPS 轨迹,以进行生活记录、运动分析、旅行经验共享或多媒体内容管理等。同时,随着论坛或网站出现在 Internet 上,用户可以建立地理区域相关的 Web 社区并将他们的 GPS 日志上传到社区,其他用户便可以在网络地图上可视化和管理其 GPS 轨迹。通过彼此共享 GPS 日志,用户们还可以从其他用户的旅行轨迹中获取参考信息。例如,一个用户可以从其他用户的旅行轨迹中找到一些吸引人的地方,从而为自己设计一个令人满意的旅行。

显而易见,如果提供了兴趣点的推荐建议,或者说周围的景点和旅行顺序,人们就有更大的可能性享受高质量的旅行体验,同时节省更多的时间来寻找位置。其中,兴趣点(Point of Information,POI)是指集中的地理位置,例如地标、博物馆、建筑物或餐厅等。

2. 研究动机

大部分现有的 POI 推荐系统如旅行预订网站[98]都重点基于给定的 POI 集合而不是基于原始 GPS 轨迹来推荐 POI。但是,由于 GPS 设备的普遍性,Web 社区中一直在不断积累大量 GPS 轨迹。因此,从 GPS 轨迹进行 POI 推荐对于 POI 推荐研究领域具有重要的意义。

值得注意的是,许多 LBS 仍直接使用原始 GPS 数据,例如时间戳和坐标,而没有足够的语义信息。因此,当向用户提供有关地理位置的建议时,此类 LBS 无法提供太多支持。因此,需要设计一个框架,为用户提供从 GPS 轨迹进行 POI 的有效推荐。

数据挖掘的许多研究已经推出了向用户推荐下一个目的地位置的功能。长期以来,人们在根据大量用户的 GPS 轨迹进行位置识别和推荐方面做了很多工作。郑等人[143]在从GPS 数据对位置进行挖掘和排名方面处于领先地位。在文献[142]中,他们提取了有趣的旅行序列和位置,并向许多用户推荐这些旅行序列和位置。

在文献[129]中,Ye 等人描述了与我们的工作最相关的问题。他们将 CF(Collaborative Filtering,协同过滤)模型用于 POI 推荐,以提高推荐准确性。他们使用基于CF 的贝叶斯方法对空间影响进行建模。但是,他们的假设和技术与我们的工作大不相同。此外,我们的框架是第一个通过结合受欢迎度、时间和地理影响来处理 POI 推荐的框架。

3. 问题描述

POI 推荐查询定义如下:给定一组移动用户 U,以及他们的 GPS 轨迹 $Traj$,目标是根据用户的轨迹模式,通过利用 POI 的受欢迎度、POI 的时间特征的影响以及 POI 的地理特征的影响向用户推荐语义 POI l。

4. 研究目标和提出的方法

对于 POI 推荐查询,不仅要考虑时间影响,还要考虑语义和地理影响。目标是从 GPS轨迹中提取语义 POI,并形成一个统一的解决方案,将受欢迎度、时间和地理影响结合在一起,以向每个移动用户推荐 POI。

为了实现这一目标,提出以下方法。

(1)提出了一种语义增强的聚类算法 SEM-DTBJ-Cluster,旨在从 GPS 轨迹中提取语义 POI。

(2)从历史 GPS 轨迹分析了受欢迎度影响,时间影响以及地理影响,并基于这三种影响得出了三个评分函数。然后,提出了一个新颖的统一的 POI 推荐框架 PTG-Recommend,它将三个评分函数合为一个组合评分函数,从而可以计算每个 POI 的统一推荐分数。

（3）在两个 GPS 轨迹数据集上进行了实验，旨在评估推荐方法 PTG-Recommend 的性能，包括准确性和召回率。

1.2.4 时间相关道路网络中的成本最优路径查询

本节介绍了第四个与 LBS 相关的空间查询问题，即与时间相关的道路网络中的成本最优路径查询问题。

1. 背景

在过去的几十年中，研究人员在静态道路网络中的路径查找领域进行了大量研究[30,32,13]。在导航应用中，最重要的查询是找到这样一条可能的路径，使用户以最小的预期成本从当前点行进到目标点。一种广泛用于评估成本的度量标准是源与目标之间的最短网络距离。尽管经典的 Dijkstra 算法在较小图上的效果很好，但扩展到大图时的效果却不佳。因此，人们已经提出了更有效的技术，例如文献[85]，[22]，[6]，[112]，[35]。这些加速技术可以计算出最短的网络距离，比 Dijkstra 的算法要快得多，甚至快几个数量级。

由于天气条件或交通拥堵，道路网络是动态的或时间相关的，而不是静态的。因此，为时间相关道路网络设计有效的路径规划算法已成为研究人员的重点。一条路径的最小成本在很大程度上取决于出发时间。例如，人们可能会改变计划的路线，以避开高峰时段的高速公路。

2. 研究动机

道路网络是随时间变化的，这意味着边的权重可能会随时间变化[34]。事实证明，从静态场景切换到与时间相关的场景更具挑战性。由于时间相关道路网络上的边权通常会在一天的不同时间段内发生变化，因此输入数据量的大小显著增加。此外，边权重不限于边的长度，而是扩展到通行费、能耗成本和边的行进时间。考虑能源消耗是节省金钱和减少二氧化碳排放的一种手段。文献[118]研究建立了基于 VSP（车辆特定功率）的模型来计算车辆燃油消耗。文献[109]基于几个驾驶参数对排放和燃料消耗的影响，利用现实世界中的车辆运行和排放数据来建立一组燃料消耗模型。为了节省能源和环境保护[112]，用户可能希望找到一条燃料消耗最少的路线。因此，基于这些能耗模型在时间感知的道路网络中设计节能路径规划算法至关重要。同时，道路通行费也是随时间变化的。例如，根据文献[74]，英国有"伦敦交通拥堵费"和"道路定价政策"以减少交通拥堵并控制交通污染。如果车辆在高峰时段通过主要道路，就会向他们收费。新加坡也采用了类似的政策[128]。这导致一天中不同小时的道路通行费发生变化，这表明通行费是随时间变化的。此外，有一些工作研究了基于时间的通行费的定价机制[78]。另一个通常考虑的度量标准是旅行时间，因为人们更喜欢一条所需行驶时间在可接受范围内的出行路线。值得注意的是，车辆在一天中的不同时间段内沿着道路行驶时通常具有不同的速度。一个路段允许的最大速度是与时间相关的。例如，在高峰时段的速度较低。

例如，一个想和他的朋友约会的用户，他可能会提出这样的查询："找到一条从我家到目的地的路径 r，这样，如果我在上午 8:00 或之后出发，我可以在上午 9:00 或之前到达集合点，同时，总费用，包含燃料成本和通行费，能够达到最小。"在此示例中，每条道路具有三种权重：行驶时间、燃料成本和通行费，这三种权重均与时间有关。此示例查询有一个硬约束：路线应满足的预算（旅行时间）约束。该查询试图在该约束条件下找到最佳路径，从而使该路径具有最佳目标得分(例如,该路径上的燃料成本加上通行费)。在示例查询中,最低费用路线可能需要超过 1 小时的旅行时间。此外,成本最优路径取决于出发时间。用户可能会更改其计划的路径,以避开高峰时段的高速公路。从源到目的地,可能存在满足时间限制的多个候选路径。因此,用户希望在满足时间限制的所有候选路径中找到成本最低的最优路径。换句话说,一个路径搜索系统应该能够在时间预算约束和目标函数得分之间进行权衡。

3. 问题描述

将前面提到的查询类型定义为"时间相关的成本最优的路径查找"(Cost-Optimal Time-dEpendent Routing)问题,记为 COTER。给定一个随时间变化的道路网络 G_T,一个出发地 n_s,一个目的地 n_e,从 n_s 最早的出发时间戳 t_d 以及一个在 n_e 的最晚到达时间戳 t_a(这也表明存在行驶时间限制,即总行驶时间加上等待时间应小于 $\Delta = t_a - t_d$),找到从 n_s 到 n_e 的最佳(最经济的)路径 R。须满足以下三个条件:

(1)允许在节点处等待,并且如果在时刻 t_d 后离开 n_s,可以沿着路径 R 在时刻 t_a 之前到达 n_e;

(2)R 的每条边 $e \in R$ 上的速度满足与时间有关的最大速度约束;

(3)在满足条件(1)和(2)的所有路径中,路径 R 具有最低成本(燃油费+通行费的和)。

据我们所知,目前路径规划的现有解决方案均不适用于 COTER,因此,我们的问题和解决方案是新颖的。

4. 研究目标和提出的方法

COTER 的目的是在给定时间相关的道路网络中,在行驶时间约束下,找到从源 n_s 到目的地 n_e 的所有路径中成本最低的最优路径 R。

为了实现目标,提出以下方法:

(1)提出了一个新的问题——COTER,即在时间和速度约束下的与时间相关的成本最优路径规划,它允许在某些节点处等待。

(2)当给定边的行进时间时,通过非线性规划计算边的最小燃料成本。允许每个路段的通行费是出发时间的任意函数。通过燃油成本和通行费之和来衡量一条路径的成本。

(3)为每个候选节点 n_i 定义 OC(Optimal-Cost,最优成本)函数 $opt_i(t)$。推导了 n_i 的传入邻居节点的 OC 函数和 n_i 的 OC 函数之间的递推关系公式。

(4)提出了一种五步近似算法,即 ALG-COTER,通过使用 Fibonacci 堆优化的 Dijkstra(最短路径)算法、拓扑排序、动态规划、最小堆优化、非线性优化和回溯算法来解决 COTER。我们还分析了 ALG-COTER 的时间复杂度。

(5)在三个现实世界的道路网络数据集上进行了实验,通过观测不同参数对行驶时间的影响,评估了 ALG-COTER 算法的效率、灵敏度和可扩展性。

1.2.5 时间感知道路网络中带约束的节能路径规划

本节介绍了第五个与 LBS 相关的空间查询问题,即时间感知道路网络中带约束的节能路径规划问题。

1. 背景

在过去的几十年中,研究人员对静态道路网络中的路径规划进行了大量研究[13]。在大多数导航应用中,一个重要的查询是查找用户从源点到目标点具有最低费用的路径。传统上,评估成本的指标是源节点和目标节点之间的最短距离。除了经典的 Dijkstra 算法外,还有许多有关加速技术的研究,例如文献[6]、[85]和[112]。现在,与 Dijkstra 算法相比,它们可以在大型道路网络中以快几个数量级的速度计算最短路径。

但是,恒定的边权只是现实情况的粗略近似。由于天气条件或交通拥堵,时间感知的道路网络中的边权通常会随时间而变化,这会导致输入量的显著增加。除了边的长度,边的权重还扩展到能耗和行进时间。考虑能耗会促使节省能源成本以及减少二氧化碳排放,同时考虑出行时间可以帮助用户规划更有效的出行。

2. 研究动机

假设用户计划在城市周围自驾旅行。他可能会提出这样的疑问:"如果我早上 7:30 离开家,能否查找一条从我家到一个名胜古迹的最节能的路径,总旅行时间在 2 小时之内"。此示例查询有一个硬约束:路径应满足的预算(旅行时间)约束。示例查询旨在发现在行驶时间约束下具有最佳目标得分(例如,路径上的能耗)的最节能路径。通常,车辆在一天中的不同时间段内沿着相同的道路行驶时会有不同的速度,如在高峰时段速度较低。在示例查询中,有可能最节能的路径需要两个小时以上的行驶时间。此外,最小能耗路线取决于出发时间。例如,人们可能会改变计划的路线,以避开高峰时段的高速公路。因此,对于路径查找引擎而言,至关重要的是能够在能耗成本和行程时间预算约束之间进行折中。

3. 问题描述

将上述类型的查询称为"带约束的节能高效的时间感知路径查找"(Constrained Energy-Efficient Time-Aware Routing,CEETAR)问题。给定用户 u,出发时间 T,时间感知道路网络 G_T,源节点 n_s 和目的地节点 n_e,以及行驶时间预算 Δ,该查询将查找一条节能的路线 R,以便能耗 $EC(R,T)$ 尽可能小,同时满足旅行时间约束:$TC(R,T) \leqslant \Delta$,其中 $EC(R,T)$ 和 $TC(R,T)$ 分别表示能耗成本和从时刻 T 出发沿路径 R 行驶的旅行时间。注意能耗成本和旅行时间取决于出发时间 T。

4. 研究目标和提出的方法

CEETAR 问题的目标是提出解决方案,即找到一条满足约束条件的最优节能路径,能够高效、准确地解决 CEETAR 问题。CEETAR 问题可以从权重约束最短路径问题(Weight-Constrained Shortest Path Problem,WCSPP)中扩展得来[160],因此是 NP 难的。据我们所知,有关路径规划的现有工作均不适用于 CEETAR 查询。

考虑到解决 CEETAR 问题的难度,本章提出了以下三种解决方案来回答 CEETAR 查询。

(1)以动态规划解决方案来解决 CEETAR,同时还分析了这种动态规划解决方案的时间复杂度。

(2)近似算法 ECScaling。该算法利用分支定界策略来回答路网中的节能路径查询。还给出了该算法的近似边界,分析了该算法的复杂性,并提出了 ECScaling 的优化策略。

(3)以贪心的路径规划算法来解决大型道路网络中的 CEETAR 问题。

1.3　本书贡献总结

本文提出了五个与 LBS 相关的问题,本书的主要贡献总结如下。

第一，介绍了道路网络中基于地理空间距离的邻近检测问题。提出了两种基于客户端-服务器体系结构的解决方案来回答道路网络中的邻近检测查询。在第一种解决方案中，每个移动用户的移动区域具有固定的半径。除非用户移动到其移动区域之外，否则他无须将其位置更新到服务器。另外，为了减少服务器端的询问成本，本书提出了三个引理。通过使用自动调整移动区域半径的自调整策略，设计了第二种解决方案 RRMD 以及 RMD_{RN} 和 CMD_{RN} 方法，从而可以将总通信成本降至最低。实验结果表明，自调整方法可以在很大程度上降低通信成本，并且对各种参数具有鲁棒性和可扩展性。此外，本书还使用一些优化方法来减少服务器端的计算成本。

第二，给定一个时间感知的道路网络、一组移动物体和它们之间的朋友关系，以及每对朋友间的时间阈值，时间感知道路网络中的临近检测问题是找到每对移动物体，使得它们之间的时间距离在给定的时间阈值内。道路网络临近检测问题在自动驾驶和交通安全等领域中发挥着重要作用，它需要低延迟、实时检测，并且要有相对较低的通信成本。但是，首先，大多数已有的临近检测解决方案专注于欧几里得空间，不能用于道路网络空间；其次，用于道路网络的临近检测解决方案多数只专注于静态的道路网络，不考虑时间距离，因而不能用于时间感知的动态道路网络；再次，现有解决方案不能同时降低通信成本、通信延迟和计算成本。因此，为了实现低通信延迟，首先设计了一个基于移动边缘计算（Mobile Edge Computing，MEC）的具有低时延的临近检测架构，然后提出一种临近检测方法，包括客户端算法和服务器端算法，旨在降低通信成本，并随后提出服务器端计算时间的优化技术，以降低总计算成本。实验结果表明 MEC 增强的临近检测架构、临近检测算法，以及服务器端计算成本优化技术可以有效降低通信时延、通信成本和计算成本。

第三，我们提出了一个从 GPS 轨迹推荐 POI 的问题，旨在从 GPS 数据中综合考虑受欢迎度—时间—地理（Popularity-Temporal-Geographical）影响，为用户推荐 POI。本书提出了一种语义增强的基于密度的聚类算法，即 SEM-DTBJ-Cluster，以对停留点进行聚类并从停留点中提取语义 POI。从用户的历史 GPS 轨迹分析了受欢迎度影响、时间影响和地理影响，并基于这三种影响给出了三个评分函数，从而获得了一个统一的推荐框架，即 PTG-Recommend（Popularity-Temporal-Geographical -Recommend）。实验结果表明，与基准推荐方法相比，PTG 推荐框架可以向用户推荐 POI，其准确性和召回率更高。

第四，我们研究了与时间相关的道路网络中成本最优路径查询。在设定中，允许在某些节点处等待。通过考虑时间相关的最大速度和行驶时间约束，利用了两个多项式燃料消耗模型，并在时间相关的道路网络中允许每个边的通行费函数为任意一个关于出发时间的函数。本书为每个节点定义 OC（Optimal-Cost，最优成本）函数，并推导一个节点的 OC 函数与其传入邻居节点的 OC 函数之间的递推关系。随后，提出了一种近似算法，即 ALG-COTER，它可以有效地解决该时间感知路由问题。ALG-COTER 利用优化过的 Dijkstra 算法、拓扑排序算法以及动态规划、非线性规划和回溯技术来找到最佳路径。本书还分析了 ALG-COTER 算法的时间复杂度。实验表明，本书提出的算法是高效的，且对于各种对运行时间有影响的不同参数均可扩展。

第五，节能路径规划问题可在许多基于位置的服务中找到应用。回答节能路径查询的现有工作主要集中在静态道路网络上，而不是时间感知的道路网络上。观察到以下事实：（1）同一路段在不同的时间间隔内可能以不同的速度行驶；（2）用户通常更喜欢在一定时间预算内寻找耗能最少的路线。因此,本书提出了带约束的节能高效的时间感知道路网络中的路径规划问题,称为 CEETAR。本书考虑了时间因素并利用时间感知速度模型和时间感知多项式能耗成本模型。为了解决 CEETAR 问题,本书提出了一种动态规划解决方案、使用分支定界的近似算法以及具有可证明近似边界的缩放策略,以回答现实世界中密集道路网络中的 CEETAR 查询。此外,本书还提出了基于贪心策略的路径规划算法。实验结果表明,我们的近似算法可以高效地回答 CEETAR 查询。

1.4　本书章节安排

本书其余章节的结构安排如下。

第 2 章介绍了本书所述五个 LBS 的相关研究,包括现有的邻近检测技术,有关 POI 推荐的现有研究,有关路线查询的现有工作,等等。

第 3 章提出了道路网络中的基于地理空间距离的两种邻近检测解决方案。

第 4 章是对第 3 章的扩展,讲述了时间感知道路网络中基于时间距离和移动边缘计算架构的临近检测解决方案。

第 5 章介绍了一种新颖的从 GPS 轨迹推荐兴趣点的方法,即 PTG-Recommend,该方法考虑了影响 POI 推荐分数的三个不同因素。

第 6 章讨论了时间相关的道路网络中具有时间和速度约束的成本最优路径查询。本书考虑了时间相关的最大速度约束和行驶时间约束,燃油消耗成本以及通行费成本,并提出了 ALG-COTER 算法来回答路网中与时间相关的路径查询。

第 7 章讲述了时间感知道路网络中带约束的节能路径规划问题及其解决方法,包括动态规划算法、ECScaling 近似算法以及贪心算法。

第 8 章对本书内容做出总结,并提出对未来工作的展望。

第2章 相 关 研 究

本章首先介绍目前已经提出的基于位置的服务和连续空间查询处理的相关工作。随后调研了与第 1 章所提的几种不同的 LBS 的查询问题相关的研究工作。

2.1 基于位置的服务

本节介绍有关 LBS 和 LBS 的位置管理框架的相关内容。

2.1.1 LBS 相关内容

移动设备的技术发展和连续定位系统的改进推动了基于位置的服务[103,71]。在许多情况下,LBS 被认为是反应性服务[117],这意味着位置信息仅按需发送给用户。

最近的几项研究工作将 LBS 视为关键研究主题。在文献[113]中提出了一种架构,能够在保护用户位置隐私的同时支持灵活的 LBS。在这种架构下,允许用户的位置信息在不同级别的粒度和不同级别的用户控制条件下共享。文献[97]为出租车司机开发了一款具有成本效益的推荐系统,其设计目标是在按照推荐的路径寻找乘客时能够最大化他们的利润。文献[79]解决了空间密度模型学习和关注个体级别数据的问题。基于当前时段和历史一段时间内接收到的车辆的 GPS 轨迹以及地图数据源,文献[120]提出了用于估计任何路径行进时间的全市范围的实时模型(表示为一个城市中实时的连续路段序列)。文献[108]建立了一个大型人类流动数据库(包含 160 万用户超过一年的 GPS 记录)和几个用于捕获和分析日本东部大地震和福岛核事故的人类应急行为和移动性的不同数据集。他们还建立了一个人类行为模型,以便准确预测紧急情况、大规模灾难后的人的行为及其流动性。基于用户每天的通信模式,文献[40]在包含超过十亿条通信记录(CALL 和 SMS)和超过 700 万用户的真实世界的大型移动网络上通过大数据技术自动推断用户的受众特征。

2.1.2 LBS 的位置管理

在文献[72]中的 LBS 的位置管理框架是为高效处理和收集多个用户的位置而构建的。该框架提供了一个基本模块集合。应用这些基本模块的各种 LBS 应用程序可以满足位置的准确性和实时更新的要求。如图 2-1 所示的是 LBS 的位置管理框架。

该框架部署在两层之间,这两层分别代表了基于终端的定位方法(图中深色圆圈部分)和 LBS 应用程序(图中浅色圆圈部分)。该框架分为高级功能和低级功能。近年来,高级功能得到了广泛的研究。例如,在文献[26]中,作者提出了一种 UNICONS 算法,用网络进行 NN(最近邻)查询和 CNN(连续最近邻)查询。邻近检测是另一个广泛研究和应用的高级功能,参见文献[5]和[64]。还有一些研究人员提出了适用于医疗应用的邻近检测方法[100]。

低级功能层基于位置更新策略,为服务器和客户之间的位置交换提供了不同的方法。位置更新方法包括轮询、定期更新、基于距离的更新、基于区域(区域)的更新、航位推测、轨迹更新和基于查询更新[75,72,117]等。

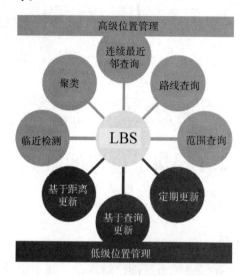

图 2-1　LBS 的位置管理框架

由于人们通常的目标是最小化由这些方法引发的消息数量,同时满足 LBS 应用程序或高级功能的要求。所以,人们会根据需要调整并应用不同的位置更新方法。

2.2　连续空间查询处理

历年来人们见证了对空间数据库的广泛研究,这导致大量的多维索引和查询处理算法得以发展[101]。由于 R 树[52,105,14]的简单性和高效性,它成为处理欧几里得查询的最广泛使用的索引。对于范围查询,Q-index[96]利用 R 树来索引范围。文献[47]和[19]通过利用对象本身的计算能力从而减轻了服务器的负担。对于近似 k-NN 查询,文献[66]提出了一种通用的方案来减少信息,同时仍然能在一定的误差范围内回答 ekNN 问题,并提出了一种称为 DISC 的索引技术。要进行精确的 k-NN 监控,至少在欧几里得空间存在三种方法:CPM[91],SEA-CNN[125]和 YPK-CNN[135]。对于邻近查询,文献[5]在欧几里得空间中提出了一种称为"条带算法"(Strips Algorithm)的分布式解决方案;文献[134]提出了集中式 FMD 模型以及在欧几里得空间中的两个自调整算法。

即时监视和预测评估是服务器端的两类连续空间查询处理方法[134]。在物体的未来位置不可预测的情况下,文献[91]和[88]利用即时监控来维护更新查询结果。在客户端-服务器架构中,服务器根据移动用户发送的更新消息,周期性地(每 T 时间单位)刷新结果。在即时监控这一类别中,两个代表性的解决方案是 CPM[91]和 SINA[88],利用空间划分网格,它们可以高效维护 k-NN 查询和范围查询的结果。预测评估方法[61,140]通过线性函数给客户的预期位置建模,来预测从现在到将来的查询结果。当用户的运动函数改变时,服务器根据用户发送的更新消息,重新计算与该用户对应的未来查询结果。在文献[61]中,作者检查了导致潜在结果更新的时间事件,并开发了一系列方法用于维护 k-NN 查询和空间连接查询的结果。以上所有工作都聚焦在降低计算成本,而不是降低移动用户与服务器之间的通信成本。

为了使通信成本最小化,安全区域的想法被研究者们进行了广泛的探索。对于移动用户[17,57,90]的静态(范围或 k-NN)查询,用户 p 的安全区域 SR(p) 是这样一个区域,其可以确保在该区域范围内查询结果是相同的。对于查询点 q 和静态用户[94,139]的移动查询,其安全区域 SR(q) 是这样一个区域,在其范围内能够保证查询结果保持不变。文献[5]提出了一种分布式解决方案,其中移动用户彼此之间进行通信,并为每对朋友建立一个安全区域。

在许多实际设置中,移动用户或查询通常被限制在一个交通网络[92]上。但是,现有成果很少在道路网络上进行查询。在文献[95]中,作者提出了一个结合欧几里得和网络信息的模型,并成功开发了一个可以对最流行的查询进行回答的框架。在文献[26]中,作者提出了一种称为 UNICONS 的方法来回答道路网络中的 CNN 查询。在文献[92]中,作者提出了两种算法可以处理道路网络中的用户并查询其移动模式。在文献[24]中,作者提出了一种 SQUARE 算法,其使用了类似于解耦模型中使用的方式来构造网络,并利用耦合思想来维护 k-NN 信息。

2.3　邻近(临近)检测

移动物体之间的邻近检测是 LBS 社区中的一个广为人知的问题。有关邻近检测的相关工作是 LBS 领域研究(例如,请参见文献[2]和文献[65])的一部分。很多研究工作提出了可用于邻近查询的算法。如在文献[93]中,作者开发了用于邻近查询以及空间数据库中其他一些查询的方法。

由于空间查询问题之一是道路网络中的邻近检测,因此在本节中介绍了用于邻近检测的不同的通信模型和现有的近距离检测解决方案。

2.3.1　道路网络中的通信模型

1. 传统的通信模型

区分两种常用的通信体系结构:一种是集中的客户端-服务器架构,另一种是点对点(Peer-to-Peer,P2P)架构。

在客户端-服务器体系结构中,客户端和服务器相互通信,但不同客户端之间不允许通信。在客户端,每个用户周期性地(每 ΔT 个时间单位)测量其位置、维护一些描述其位置和预测预期运动的参数;还可以发送他们的位置和动作参数到中央服务器。在服务器端,服务器存储了一个用户集合 U、用户的运动参数、朋友关系网 G 以及每个朋友对的距离阈值 $\varepsilon_{i,j}$。服务器的任务是追踪每个用户的位置和朋友列表,并计算和发送询问消息或通知消息给每对朋友。

在 P2P 架构[99]中不涉及服务器。相反,每个用户都应该让每个朋友了解他们的位置,并每隔 ΔT 时间测量其所在的位置还可以向他的每个朋友更新其最新位置或发送询问消息。当邻近条件满足时,通过向这两个用户发送邻近预警消息来通知这个朋友对。

大多数现有的邻近检测方法要么采用客户端-服务器模型,要么采用 P2P 模型。例如,文献[5]采用分布式 P2P 架构;而文献[117]、[116]、[126]、[140]、[61]、[134]中采用了客户端-服务器架构。

文献[110],[111]提出了其他几种模型,例如移动代理[111,60],客户端/代理/服务器(c/a/s)[8],客户端/代理/代理/服务器(c/a/a/s)[102,123,9,56],混合的客户端和服务器[62],等等。

2. 移动边缘计算架构

为了解决通信时延问题,移动边缘计算(Mobile-Edge Computing,MEC)[174-177]应运而生。其概念最早是在 2014 年由 Nokia Networks、Vodafone、IBM、Intel、NTT DoCoMo 和华为等联合支持的新兴组织 ETSI (European Telecommunications Standards Institute,欧洲电信标准协会)提出。移动边缘计算把移动网络和云计算的融合推向了一个新的高度,为移动用户提供了在其临近区域内的云和 IT 服务。在移动边缘计算架构中,服务器在边缘云也有分布,边缘计算平台通过增强边缘网络的计算和存储能力来降低网络时延。移动边缘计算具有高带宽、低时延的特性,作为 5G 网络[178-180]的一项关键新兴技术,移动边缘计算在高吞吐量、低时延等方面创造了一条实现 5G 网络的途径[181,182]。移动边缘计算架构如图 2-2所示。

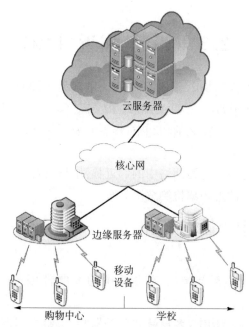

图 2-2　移动边缘计算架构示意

2.3.2　欧几里得空间的邻近检测解决方案

文献[5]、[116]、[117]、[126]、[134]和[159]已经研究了临近检测问题。大多数现有的临近检测解决方案都集中在欧几里得空间,其中两个物体之间的距离仅由它们在欧几里得空间中的相对位置决定。无论在客户端-服务器[134]架构还是 P2P[5]架构中,现有的邻近检测方法都假设移动物体配备有 GPS 设备。在客户端-服务器体系结构中,用户将位置等信息传输到中央服务器,而在 P2P 架构中,用户将其位置信息传输到另一个用户。由于用户的移动设备的带宽和电池电量有限,降低通信成本是最重要的优化目标之一[68]。

文献[116]和[117]采用客户端-服务器解决方案,专注于降低临近检测的通信成本。文献[116]所提出的动态中心圆方法通过为每个用户分配一个圆,使得任意两个圆之间的最小距离在距离阈值之上。但是,这个中心圆是静态的,导致用户很快超出阈值,触发对服务器的位置更新。文献[117]采用了移动扇区区域来追踪用户的位置并在服务器端检测用户之间的临近性。用户的移动扇区区域由具有预定义值的三个参数描述:一个角度阈值 R,最小速度 V_{min} 和最大速度 V_{max}。其他解决方案包括绝对分布式P2P解决方案(如条带算法[5])和集中式解决方案(如文献[134])。文献[5]要求每个用户为他的每个朋友维护一个条带,因此其性能不能很好地扩展到有大量朋友的情形。文献[134]在欧几里得空间中应用自调整策略,服务器检测每个朋友对的欧几里得距离是否在临近阈值内。另一项工作[126]将临近检测问题推广为约束检测问题。当指定的一组 k 个对象可以被直径最多为 ε 的圆闭合时,满足约束条件。该文提出了一种集中式解决方案,它可以跟踪空间分区网格中的物体。物体(即用户)在进入网格的另一个单元之前不会向服务器发出任何位置更新。基于网格中物体的位置,其提出的解决方案识别绝对满足约束的物体和肯定不满足约束的物体。文献[159]将临近查询进行批处理,专注于减少服务器向客户端的询问消息而不是客户端向服务器的位置更新消息,以实现高效通信的临近检测。

2.3.3　道路网络空间的邻近检测解决方案

现有工作仅有少数解决了道路网络中的邻近检测问题。

文献[67]提出了一种网络图嵌入技术,用于加速距离范围查询和 k 最近邻查询。然而该文的关键问题是距离范围和 k 最近邻查询而不是邻近检测问题。更相关的工作(CPMRN[68])提出了一种基于区域的更新策略,用于道路网络中的连续邻近检测。关键思想是为每个客户端存储邻近区域和分离区域,并且只要客户端没有到达其中一个区域的边界,就不需要更新邻近/分离结果。另一项工作[160]定义了导致位置约束的三种类型的邻近关系,以对道路网络中的移动物体的连续时空查询进行建模,但是它们没有给出道路网络中的邻近检测问题的具体解决方案。

2.3.4　时间感知道路网络空间的临近检测解决方案

以上工作重点关注静态道路网络。但是,在大多数情况下,道路网络是时间感知而不是静态的。很少有工作解决了时间感知道路网络中的临近检测问题。文献[69]使用图形嵌入技术研究了与时间相关的道路网络中的邻近查询。然而这项工作的目的不包括降低通信成本或通信延迟。因此,仍需要在时间感知的道路网络中开发有效的临近检测解决方案,以最小化通信成本以及通信等待时间和计算成本。

本书第4章扩展了第3章的内容,解决了时间感知道路网络中的临近检测问题。在时间感知的道路网络中,每个物体的速度取决于时间,本书采用时间距离度量来测量每对朋友的临近度。如果一对朋友之间的时间距离小于或等于临近阈值(即时间阈值),就说该朋友对处于临近状态。为了减少通信延迟,本书提出了MEC增强的临近检测架构;为了降低通信成本,本书提出了剪枝引理,并提出了客户端和服务器端算法,进一步提出计算成本优化技术,以最小化计算成本。

2.4　POI 推荐

在本节中,首先介绍现有的聚类方法和传统的相似度指标,可在测量两个 POI 的相似度时采用。随后,介绍有关位置识别和推荐的相关文献。最后回顾一些在基于时间的 POI 推荐和基于地理的 POI 推荐方面的相关工作。

2.4.1　聚类算法

为了从 GPS 点收集 POI,通常执行聚类算法。其主要有三种类型的聚类方法:划分聚类、基于时间的聚类和基于密度的聚类[144]。

1. 划分聚类

典型的分区聚类算法是著名的 K-Means(K-均值聚类法)。Ashbrook 和 Starner 使用 K-Means 从历史位置数据中学习用户的重要位置[7]。

K-Means 聚类将所有的点划分为 K 个集合,以使每个点到其聚类中心的距离的平方和最小。K-Means 很简单、高效。但是,其对异常值敏感,因为最终的聚类结果包含所有的点,甚至异常点或噪声。

2. 基于时间的聚类

文献[54]提出了一种基于时间的聚类方法,利用连续 Wi-Fi 定位以“提取地点”。每次发现的新位置与先前位置之间的距离大于阈值 d,同时新位置如果跨度超过时间阈值 t,则该方法会认为发现了一个新的兴趣点。这种算法需要以非常细微的间隔连续收集位置数据,因此会消耗大量内存。

3. 基于密度的聚类

Zhou 等人设计了一种基于密度的聚类算法(DJ-Cluster)来发现对个人来讲有意义的地方[43]。DBSCAN[44,87,138]是另一种基于密度的代表性算法。一般来说,这类算法能很好地处理地理特征,因此它们是用于发现地点的极佳的候选算法。

基于密度的聚类可以生成任意形状的聚类效果。特别有利于对称形状的簇,例如圆形或球形。此外,噪声和异常点出现在最终的聚类结果中的概率很低。

2.4.2　相似性度量

给定一组 POI,在推荐 POI 时会评估不同 POI 之间的相似性。例如,如果用户经常访问 POI L_i,那么当 L_i 和 L_j 之间的相似度很高时,可以向他推荐另一个 POI L_j。

本节介绍了三种测量相似度的方法,分别是计数相似度、皮尔逊相似度和余弦相似度。

1. 计数相似度

计数相似度方法是一种直观的方法,其通过对两个用户的共享区域进行计数来衡量两个用户的相似性。在共享框架的第 i 层上,生成 $N=|C_i|(C_{ij} \in C_i, 1 \leqslant j \leqslant N)$ 个聚类。假设在簇 C_i 中,u_1 和 u_2 分别具有 m_j 和 m_j' 个驻留点,两个向量分别表示如下:

$$U_1 = \{m_1, m_2, \cdots, m_j\}$$
$$U_2 = \{m_1', m_2', \cdots, m_j'\} \tag{2.1}$$

则计数相似度为

$$\text{sim}_{\text{cout}} = \sum_{j=1}^{N} \min(m_j, m'_j) \qquad (2.2)$$

2. 皮尔逊相似度

皮尔逊相似度[77]的值从$-1.0\sim+1.0$变化。它测量的是两个变量之间的相关程度。相似度值为1表示这两个变量完全相关,而相似度为-1表示这两个变量完全不相关。皮尔逊相关分数衡量的是两个变量拟合一条直线的程度。本质上,该公式计算两个对象的标准差和协方差之间的比率。该方法可以以数学形式导出为

$$\text{sim}_{\text{Pearson}} = \frac{\sum xy - \dfrac{\sum x \sum y}{N}}{\sqrt{\left[\sum x^2 - \dfrac{\left(\sum x\right)^2}{N}\right]\left[\sum y^2 - \dfrac{\left(\sum y\right)^2}{N}\right]}} \qquad (2.3)$$

式中,N表示属性的个数;x,y表示数据对象。

3. 余弦相似度

余弦相似度[50]是一种广泛用于衡量两个向量相似度的指标。给定向量A和B,可从它们的点积推导它们之间的余弦相似度$\cos(\theta)$:

$$\text{sim}_{\text{cos}} = \cos\theta = \frac{A \cdot B}{|A||B|} = \frac{A \cdot B}{\sqrt{(A)^2}\sqrt{(B)^2}} \qquad (2.4)$$

余弦相似度的取值范围从$-1\sim1$,其中-1表示完全相反的相似度;0表示正交;1表示完全相同的相似度,中间值表示中间相似或不相似。

具体来说,当在信息检索中应用余弦相似度时,余弦相似度的范围为$0\sim1$。这是因为频率不小于0,并且一对频率向量之间的角度必然不大于$90°$。余弦相似度易于计算,并且通常具有相对准确的结果。这就是为什么研究人员在信息检索领域,通常将余弦相似度作为相似度度量。例如,我们利用余弦相似度来衡量两个POI的相似程度,并向用户推荐POI,具体内容将在第5章中详细介绍。

2.4.3 位置识别和推荐

在过去的几十年中,出现了有关位置识别和推荐的研究。文献[142]和[143]根据多个用户的轨迹信息提取感兴趣的位置和旅行序列。但是,他们没有考虑位置的语义和用户GPS轨迹的时间方面的信息。此外,他们使用HITS(Hyperlink-Induced Topic Search)算法,如在文献[21]中讨论的那样,这可能会导致将不合适的权重分配给每条链接。在文献[21]中,作者设计了一个框架,可以从GPS数据中提取语义上有意义的位置。他们根据重要性对语义的位置进行排序。但是,他们没有考虑时间影响。我们的工作与上述工作的最大不同在于,上述工作没有考虑个性化信息(例如,用户的访问历史)。因此,他们将为所有用户推荐相同的一组位置。相反,我们的工作旨在通过个人喜好提供个性化推荐。因此,我们的工作揭示了用户周期性行为并挖掘了位置语义。

文献[130]挖掘了一种新颖的个人生活模式来形成个人轨迹数据。他们使用此模式来描述和建模移动用户的周期性行为。文献[16]通过使用一个地理语义信息层发现更多感兴趣的模式。

文献[129]处理了与我们最相关的POI推荐问题。他们将协同过滤(CF)模型进行调

整,用于 POI 推荐,以便提高推荐的精度。他们通过对基于贝叶斯 CF 模型的算法进行改进来对空间影响进行建模。但是,他们的工作与我们的工作相比,有不同的假设和截然不同的技术,因为他们强调地理影响,而我们从 GPS 数据中提取语义 POI,并综合考虑受欢迎度、时间和地理影响,进而提出了一个统一的框架来解决这个问题。另一项解决 POI 推荐问题的相关工作是时间感知的 POI 推荐[137]。但是,他们专注于从一组现成的 POI 中推荐 POI,而不是从用户的 GPS 轨迹推荐 POI。

据我们所知,有几项研究 GPS 轨迹的文章,但不适用于 POI 推荐。例如,文献[133]从 GPS 轨迹中挖掘出用户相似性。一年后,文献[133]的作者又在文献[132]中研究了通过 GPS 轨迹预测用户移动数据的地理特征和语义特征。与这两篇文献相比,我们的工作有本质上的不同。我们的框架研究了受欢迎度以及所提取 POI 的语义、时间和地理特征,而他们的工作仅考虑了 GPS 轨迹的地理特征和语义特征。此外,他们的工作目的是预测用户的活动,而我们的工作重点是为多个用户推荐 POI。因此,我们的工作是目前首次同时考虑了 POI 的语义、受欢迎度、时间和地理影响,进而从粗糙的 GPS 轨迹进行 POI 推荐的。

2.4.4 利用时间信息的推荐

随着图[124]、矩阵分解[141]和决策树的广泛使用[146],最近几十年我们见证了许多有关时间感知推荐的研究工作。

文献[124]考虑了人们的短期和长期偏好对人们行为的影响。为了对以上两种偏好进行建模,作者提出了图 STG(Session-based Temporal Graph),即基于会话的时间图。STG 图的节点分为用户(User)、条目(Item)和会话(Session)三个类别。他们提出"MS-IPF"算法,即,基于 STG 的多源注入偏好,目的是将用户和会话节点的偏好传播到候选条目节点。文献[38]表明,当前的等级比以前的等级更重要。这样,可以通过将以前的等级的权重进行衰减来估计条目之间的相似性。

不过,上述这些研究工作仅考虑了不同 POI 的时间方面的特征及影响,并未考虑受欢迎度或地理信息。

2.4.5 利用地理信息的推荐

大多数关于 POI 推荐的文献都利用了地理影响。文献[25]使用矩阵分解模型,通过高斯混合模型(Gaussian GMM)来挖掘地理信息。文献[80]将矩阵分解纳入概率模型进行 POI 推荐。文献[119]通过使用 Mixture Model,个性化 Page Rank 框架过滤掉远离目标用户的 POI。文献[73]也利用了基于模型的方法,基于到用户访问过的历史 POI 的地理距离对 POI 进行抽样。文献[131]研究了不同城市的不同主题,提出了基于 LDA 的模型,用于为给定城市中的特定客户推荐 POI。

值得注意的是,上述这些研究仅仅考虑了不同 POI 的地理信息的影响,并未考虑受欢迎度或时间信息的影响。

2.5 时间相关道路网络中成本最优的路径查询

本节回顾了有关路线规划的现有研究。首先介绍了关于传统的路径规划问题,然后介绍静态道路网络中的路径规划问题、传统的与时间有关的路径规划问题、节能路径规划和其他路径规划问题。

2.5.1 传统路线规划问题

路径规划在过去几年中几乎无处不在。算法工作者对原始最短路径算法的加速技术进行了大量的工作。为了加快最优成本路径的计算,文献[63]建立了一种 HiTi(Hierarchical MulTi)图模型,提供了一种用于分层构造地形图的新颖方法。另一种加速技术是收缩层次结构(Contraction Hierarchies,CH)[11,48],它可以很方便地在预处理和查询时间之间做出折中。文献[55]研究了多层次技术在最短路径查询中的应用。文献[83]使用 Open Street Map(OSM)数据并在拥有数百万个路段的大型道路网络中为用户提供实时且确切的最短路径。文献[76]也使用 OSM 数据,提出了一种从城市道路网络中提取多车道道路的方法。文献[46]研究了最短距离查询,并设计了方法以在满足安全性要求的同时能够节省计算成本。但是,上述这些工作并未考虑与时间有关的成本或速度,而且它们也未考虑行程时间约束。

2.5.2 静态道路网络中的路线规划

对于静态道路网络中的路径查找,文献[32,35]提出了可定制路线规划(Customizable Route Planning,CRP)。但是,他们不考虑时间感知的方案。盖斯伯格和维特在他们的论文[49]中解决了路径查找问题,但是,他们的问题设置也是在静态道路网络中。文献[122]定义、研究和讨论了可以处理路径规划中的转弯成本的一个模型,但其设置也仅限于静态道路网络。基于预定义的航途基准点,文献[27]提出了一种实时路线规划算法,该算法可以为一种自动驾驶汽车提供最佳路线并避开静止的障碍物。但是,它侧重于路径的平滑度、安全性和一致性,而在我们的工作中,考虑的是一条路径的经济成本,即燃油成本加上通行费;此外,它的设置是在静态道路网中进行的。文献[106]开发了一个容量受限的路径规划器[CCRP],它遵循容量限制,是最短路径算法的推广。文献[106]还提出了算法,利用道路网络的空间结构来加快大型网络路径查找速度。但是,他们的问题设置与我们不同,因为他们既不考虑燃油消耗或通行费,也不考虑时间约束。

2.5.3 传统的时间相关的路径查找问题

关于时间相关的路径规划已有一些研究[104,37,23]。在文献[104]中,作者使用多个级别的图来获取火车系统中的时间表信息,但他们不考虑能耗。文献[37]定义了一个与时间有关的最短路径(Time Dependent Shortest Path,TDSP)的问题,并提出了一个解决方案来回答 LTT(Least Trave Time,最小总行程时间)查询。文献[23]纠正并扩展了一些最新的动态最短路径树算法,以处理多个边权更新。所有这些研究均假设在节点 n_i 处的出发时间始终与在 n_i 处的到达时间相同。但是,此属性在我们的设置中不再成立,因为我们允许在任何节点处都可以等待。因此,这些解决方案不能解决 COTER。

2.5.4 节能路径规划

如第 1 章所述,在向移动用户回答路径查询时,关键是找到一条使行程成本最小化的路径。一些研究将车辆的能耗作为行程成本,如文献[115]和[36]在进行静态道路网络中路径规划时就关注能源消耗。

在文献[12]中,作者考虑了电动汽车的速度—能量折中和使用多准则优化获取以能耗换取速度的 Pareto 路径集。文献[53]不仅利用路径的变化来节省能耗,而且还允许沿路径改变行驶速度以实现能耗的节约。上述两项工作旨在通过考虑速度来最小化能耗,但它们并未考虑到每条边的时间相关的通行费。此外,这两项工作试图解决的问题,既不允许在节点处等待,也没有时间约束,例如出发时间应在 t_d 之后,到达时间应在 t_a 之前。

2.5.5 其他路径规划工作

文献[70]考虑了多个偏好,例如行驶时间、距离等,用于处理静态道路网络中的 Skyline 查询。文献[20]定义了关键字感知的最优路径查询(KOR),旨在找到涵盖所有用户指定的关键字、满足指定的预算约束并能产生最优目标得分的路径,但是它的设置仅限于静态道路网络。

KSP(计算网络中最短的 K 条路径)问题和 NSP(Near-Shortest Path)问题历史悠久。例如,文献[85]研究 KSP 和 NSP,提出的算法比当时其他文献的算法快出一个数量级。文献[3]提出了一种 K^* 算法,用于在有向加权图中求解 KSP。文献[41]提出了一种"最简单"路径算法,并推出平均起来最简单路径的长度只比相应的最短路径长 16%。但是,KSP 或 NSP 的问题设置和目标与我们的显然不同。

文献[58]在为 HAZMAT(带有危险物质的卡车)规划最佳路径时考虑安全、成本和安保,但这项工作没有时间约束,并且与我们的问题设置不同。

2.5.6 与其他成本最优路径规划问题的比较

最相关的研究工作,如文献[18]、[128]和[10]解决了行程时间约束下的成本最优问题。我们的工作与前两个文献([18,128])相比:这两个文献同样允许在节点处等待并使用动态规划来计算最优成本,但是,注意到,①它们既没有考虑多重成本,也不考虑最大速度限制,因此在我们的工作中提出的问题是新颖的;②它们要么不允许在任何节点处等待,要么允许在所有节点处等待,但我们只允许在某些节点上等待,而在其他节点上则不允许等待;③我们的通行费函数可以是任何任意一元函数,而文献[128]仅允许通行费是分段常数函数;④我们的方法采用非线性优化技术,而文献[18]和[128]则没有;⑤由于我们的算法首先计算出可行的到达时间区间,并对所有候选节点进行了拓扑排序,因而节省了递推计算最优成本所需的大量搜索空间,因此能够比文献[128]更快地计算出最优成本。与文献[10]相比,尽管文献[10]也采用了非线性规划优化,但是①它不允许在任何节点处等待;②它仅考虑总能耗成本(燃料和电力),一点也不考虑其他种类的成本,例如,时间相关的通信费。

2.6 时间感知道路网络中带约束的节能路径查找

在本节中,介绍时间感知道路网络带约束的节能路线规划问题的相关工作。

2.6.1 传统路线规划问题和静态道路网络中的路线查询

传统路线规划问题以及静态道路网络中的路线规划问题的相关工作,可参见 2.5.1 节和 2.5.2 节的内容。

2.6.2 无旅行时间预算约束的时间感知路径查找

现有一些工作研究时间感知的路径规划。文献[37]定义了一个时间相关的最短路径问题，并提供了一种解决方案，用以回答"最少旅行时间"查询。但是他们专注于寻找最短路径而不是最小能耗路径，并且他们没有考虑旅行时间预算约束。Schulz 等[104]使用多层图来存储铁路系统中的时间表信息，但是它们的目标是在没有旅行时间预算约束的情况下计算最短路径。Yuan 等在文献[158]通过考虑路线的物理特征、时间相关的交通流量和驾驶员行为，而不考虑资源（旅行时间预算）约束来找到所需路线。

2.6.3 最低能耗路径规划

Tielert 等[115]和 Demestichas 等[36]在静态道路网络中规划路径时，重点关注能耗。在文献[13]中，作者提出了一种减少电动汽车能耗的有效方法，还与文献[42]，[156]等进行了对比，发现他们的查询由于具有更少的搜索空间，因而快了一个数量级，但是他们的问题设置没有考虑时间因素。在文献[53]中，作者利用路径的变化来节省能耗，还允许改变路径上的速度以节省能耗。在文献[12]中，作者考虑了电动汽车的速度—能量折中，并获取了以能耗换取速度的 Pareto，路径集。这两项研究均考虑了车辆的速度来最小化能耗，但他们并未考虑时间对速度的影响。另外，他们解决的问题没有旅行时间预算约束，例如，出发时间应在 t_d 之后，总旅行时间应不超过 ΔT。在文献[155]中，作者首先提出了一种基于矩阵分解方法的行驶速度估计(TSE)模型和一个交通体量推断(TVI)模型，以推断每个时隙通过每个路段的车辆数量，然后计算每个路段的汽油消耗量。但是，文献[155]没有考虑资源（旅行时间预算）约束。Andersen 等在文献[147]中提出了一个名为"EcoTour"的系统，该系统将生态权重分配给道路网络，以实现生态路径查找来减少燃料消耗。但是，它既未考虑时间因素，也没考虑资源（旅行时间预算）约束。EcoMark 2.0[153]为生态权重分配提出了一个框架，以实现生态路径规划，并研究了不同燃料消耗模型的效用。但是，它没有提供节能路径查找的解决方案。

2.6.4 适用于 WCSPP 的方法

KSP(k 最短路径)方法可以解决 WCSPP，尽管研究人员已经开发了许多 KSP 方法，但是将它们应用于解决 WCSPP 的复杂度却是指数级的。许多早期的论文给出了动态规划的构想。很多基于动态规划构想的各种算法，几乎全部使用某种节点标记方法。根据文献[151]可知，文献[149]的标签设置算法似乎已被广泛认为对 WCSPP 最为有效。

2.6.5 工作的新颖性

如上所述，一些现有工作解决了在静态道路网络中的路径规划问题。其他一些工作解决了时间感知道路网络中的路径规划问题，但没有考虑旅行时间预算约束。此外，一些相关工作虽然也考虑了能耗，但是它们的设置是在静态道路网络中进行的，没有考虑时间因素。另外，应用于 WCSPP 的方法不能直接用于解决 CEETAR，因为 CEETAR 问题不仅具有权重（时间预算）约束，而且还考虑了时间依赖。因此，本书提出的 CEETAR 问题是新颖的，因为它综合考虑了时间感知速度、与时间有关的能耗函数、与时间相关的旅行时间函数和旅行时间预算约束，旨在找到一种节能路径。

2.7　本　章　小　结

　　本章对与现有的基于位置的服务和连续空间查询处理，以及第一章所提的几种不同的基于 LBS 的查询问题相关的研究工作进行了阐述。2.1 节介绍了有关 LBS 和 LBS 位置管理框架的相关工作。2.2 节介绍了连续空间查询处理的相关研究。2.3 节介绍了用于邻近检测的不同的通信模型和现有的近距离检测解决方案。2.4 节分别介绍了现有的聚类方法、传统的相似度指标、有关位置识别和推荐的相关文献，以及基于时间的 POI 推荐和基于地理的 POI 推荐方面的相关工作。2.5 节分别介绍了传统的路径规划问题、静态道路网络中的路径规划问题、传统的与时间有关的路径规划问题、节能路径规划和其他路径规划问题的相关研究，并对比了我们的成本最优路径规划与现有问题的区别。2.6 节介绍了时间感知道路网络带约束的节能路线规划问题的相关工作，并阐述了我们工作的新颖性。

第3章 道路网络中基于地理 空间距离的邻近检测

3.1 邻近检测问题定义

本节首先给出模型来定义道路网络,然后提出道路网络邻近检测的问题设置。图 3-1 所示的是固定半径的安全移动区域。

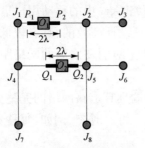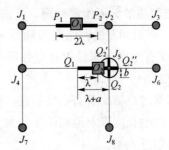

(a) 在 T_1 时刻的安全移动区域   (b) 在 $T_2 = T_1 + \Delta T$ 时刻的安全移动区域

图 3-1   固定半径的安全移动区域

定义 1:节点(交叉路口)。 节点是道路网络上两个或多个不同路段的交点。

如图 3-1 所示, J_2, J_5 是典型的节点; J_3, J_6, J_7, J_8 是退化的节点。

定义 2:边。 边是两个相邻节点间的路段。

如图 3-1 所示, $<J_1, J_2>$, $<J_1, J_4>$, $<J_4, J_5>$, $<J_2, J_5>$, $<J_5, J_6>$ 都是边。

定义 3:道路网络。 若 $J = \{$节点$\}$, $E = \{$边$\}$,则道路网络 $G = (J, E)$。

例如,图 3-1 描绘了一个简单的道路网络。

定义 4:网络点。 网络点是道路网络的任意边上的任意点。

例如,图 3-1 中的 P_1, Q_1, P_2, Q_2, J_2 和 J_6 都是道路网络点。

定义 5:网络距离。 给定道路上的两个网络点 P, P',那么它们之间的网络距离可由式(3-1)给出:

$$D(P, P') = \min_{a \in \{s, t\}, b \in \{s', t'\}} [D(P, J_a) + D(J_a, J_b) + D(J_b, P')] \tag{3-1}$$

两个网络点之间的网络距离等于这两点间的最短路径长度。例如,在图 3-1(a)中, P_1 和 Q_1 之间的欧几里得距离表示为 $|P_1 Q_1|$,而它们之间的网络距离为

$$D(P_1, Q_1) = \min_{a \in \{2, 3\}, b \in \{5, 6\}} [D(P_1, J_a) + D(J_a, J_b) + D(J_b, Q_1)]$$

定义 6:线段。 线段是指同一条边上两个网络点之间的部分。其中,第一个网络点是线段起点,第二个网络点是线段终点。

如图 3-1(a)所示，$\overline{P_1P_2}$，$\overline{Q_1Q_2}$ 是两条线段。

定义 7：安全移动区域。 道路网络用户的安全移动区域形式上是由一条边上的某个线段或多个边上的多个线段所组成。更确切地说，安全移动区域属于一种树状结构，其中心点为树的根节点，从中心点分别向两端延伸若干条线段到达它的叶子节点，从树的根节点到它的每个叶子节点的网络距离（亦即安全移动区域的半径）是相等的。用 $R_m(t)$ 表示用户 O_m 在时间 t 的安全移动区域，假设 $(A_1,A_2,\cdots,A_p)$ 是 $R_m(t)$ 的节点，$(B_1,B_2,\cdots,B_q)$ 是 $R_n(t)$ 的节点，则 $R_m(t)$ 和 $R_n(t)$ 分别具有 $(p-1)$ 条边和 $(q-1)$ 条边。

$$R_m(t)=\bigcup_{1\leqslant i\leqslant p-1} e_i^m, R_n(t)=\bigcup_{1\leqslant j\leqslant q-1} e_q^n \tag{3-2}$$

式中 e_i^m 和 e_j^n 代表 $R_m(t)$ 和 $R_n(t)$ 中的任意两条边，$e_i^m=\overline{A_{i1}A_{i2}}$，$e_j^n=\overline{B_{j1}B_{j2}}$。

如图 3-1(b)所示，用户 O_1 在时间 t 的安全移动区域为 $R_1(t)=\{\overline{P_1P_2}\}$，$O_2$ 在时间 t 的安全移动区域为 $R_2(t)=\{\overline{Q_1J_5},\overline{J_5Q_2},\overline{J_5Q_{2'}},\overline{J_5Q_{2''}}\}$。下面将在 3.2.1 节深入讨论移动区域的具体细节。

定义 8：道路网络的邻近检测问题。 已知道路网络 G，G 中的移动用户集合 O 与用户间的朋友关系，以及每对朋友的网络距离阈值 ε，目标是设计高效的、具有较低通信成本的算法，以检测 G 中所有用户之间是否具有邻近关系，即每对朋友之间的网络距离不超过距离阈值 ε。

假设每个移动用户都配备有定位装置。服务器端具有道路网络的完整全局视图，知晓道路网络中每个边的长度以及道路网络的每个节点。每一时刻（例如，每秒）服务器都要检测每个朋友对的邻近关系。

表 3-1 所示为本章所使用的符号及其含义。

表 3-1　本章所使用的符号及其含义

符号	含义
$<J_s,J_t>$	连接 J_s 和 J_t 的边（路段）
$\overline{PQ}$	线段 PQ
$|PQ|$	P 和 Q 之间的欧几里得距离
$D(P,Q)$	P 和 Q 之间的网络距离
$R_m(t)$	物体 O_m 在时刻 t 的移动区域
$d_{\min}(R_m(t),R_n(t))$	$R_m(t)$，$R_n(t)$ 的欧几里得距离最小值
$D\min(R_m(t),R_n(t))$	$R_m(t)$，$R_n(t)$ 的网络距离最小值
$D\min(R_m(t),R_n(t))$	$R_m(t)$，$R_n(t)$ 的网络距离最大值

3.2　固定半径移动检测方法

本节介绍基于固定半径安全移动区域的客户端-服务器（Client-Server）解决方案，即 FRMD（Fixed-Radius Mobile Detection）方法。

本节首先，介绍客户端（用户）-服务器通信模型；其次，举例解释用户的安全移动区域；然后，提出三个剪枝引理，这三个引理分别利用两个用户的安全移动区域之间的两个距离下界和一个距离上界来供服务器对不必要的询问消息进行剪枝；随后，分别给出 FMRD 在用户端和服务器端的算法；最后，分析该 FRMD 方法的通信成本概率模型。

3.2.1 客户端-服务器通信模型

如图 3-2 所示，用户每隔 ΔT 时间检查一下自身的位置和速度等信息；服务器每隔 ΔT 时间对用户进行一次邻近检测。客户端（即用户）与服务器之间通信，涉及如下三种消息。

(1)更新消息。由用户向服务器发送，内容包括用户自身的位置和速度等信息。

(2)询问消息。由服务器向用户发送，目的是向用户询问其位置和速度等信息。

(3)通知消息。由服务器向用户发送，目的是告知用户与其他哪些用户存在邻近关系。

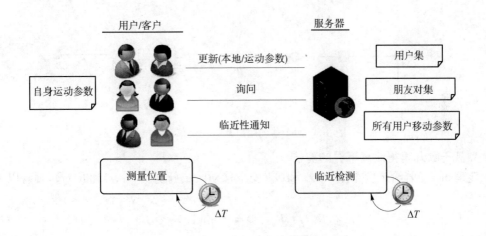

图 3-2 客户端-服务器通信模型示意

3.2.2 安全移动区域

为每个用户定义一个移动区域，其设计方式是除非该用户移动到其安全移动区域之外，否则无需向服务器端发送其位置与速度等的更新信息。与文献[134]中提出的一个圆形移动区域不同，本解决方案的安全移动区域是一条线段或沿路网展开的多条线段（参考 3.1 节的定义 7）。

令 λ 表示每个用户的安全移动区域的固定半径。$T_{last}+\Delta T$ 时刻的安全移动区域的中心点位置可计算如下：

$$P_{(T_{last}+T)} = P_{T_{last}} + v_{last} \cdot \Delta T \tag{3-3}$$

式中，T_{last} 是上次更新的时间；$P_{T_{last}}$ 是用户在 T_{last} 时刻的位置；v_{last} 是上次更新时的速度。

举例说明，如图 3-1 所示，O_1 和 O_2 是沿着边 $<J_1,J_2>$ 和 $<J_4,J_5>$ 移动的两个用户。在图 3-1(a)中，假设两个用户 O_1 和 O_2 在时刻 T_1 刚刚向服务器发送更新消息，报告了其位置和速度信息，线段 $\overline{P_1P_2}$ 和 $\overline{Q_1Q_2}$（长度 2λ，图中蓝色部分）分别是 O_1 和 O_2 的安全移动区域，其中 O_1 和 O_2 是分别 $\overline{P_1P_2}$ 和 $\overline{Q_1Q_2}$ 的中点。在图 3-1(b)中，在时刻 T_2，若 O_1 和 O_2 将位置更新消息再次发送到服务器，则以 O_1 为中点、长度为 2λ 的线段 $\overline{P_1P_2}$ 为新的安全移动区域。当 O_2 接近 J_5 时，安全区域不再完全位于边 $<J_4,J_5>$ 内。假设 O_2 与 J_5 的距离为 a，其中 $a<\lambda$，则其安全区域的最左点 Q_1 与 J_5 的距离为 $(\lambda+a)$。此处 O_2 到达节点 J_5 时会沿

三个不同方向移动,然后根据本章安全移动区域的定义,将边$\overline{J_5Q_2}$,$\overline{J_5Q_{2'}}$和$\overline{J_5Q_{2''}}$均放入其安全移动区域。假设$|\overline{J_5Q_2}|=|\overline{J_5Q_{2'}}|=|\overline{J_5Q_{2''}}|=b$,则$b=\lambda-a$。

3.2.3 剪枝引理

事实上,即使用户未向服务器发送更新信息,服务器也不必每个时刻都要对所有的用户进行邻近检测。为此,本节提出三个剪枝引理,其利用了两个用户的安全移动区域之间的网络距离的上界与下界,来减少不必要的询问消息。

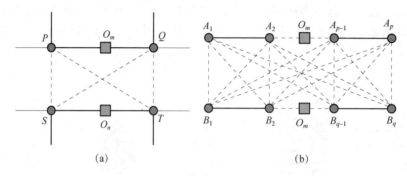

图 3-3　两个移动用户及其安全移动区域

1. 基于欧几里得距离下界的剪枝

定理 3.1　若给定两个用户O_m和O_n,安全移动区域分别是$R_m(t)$和$R_n(t)$,则有以下公式:

$$d_{\min}(R_m(t),R_n(t))=\min_{1\leqslant i\leqslant p,1\leqslant j\leqslant q}|A_iB_j| \tag{3-4}$$

式中,$d_{\min}(R_m(t),R_n(t))$是$R_m(t)$和$R_n(t)$的道路网络距离的基于欧氏距离的下界;$(A_1,A_2,\cdots,A_p)$是$R_m(t)$的节点;$(B_1,B_2,\cdots,B_q)$是$R_n(t)$的节点。

证明:从式(3-4)可以得到:

$$d_{\min}(R_m(t),R_n(t))$$
$$=\min_{1\leqslant i\leqslant p-1,1\leqslant j\leqslant q-1}d_{\min}(e_i^m,e_j^n)$$
$$=\min_{1\leqslant i\leqslant p,1\leqslant j\leqslant q}|A_iB_j|$$

例如,如图 3-3(a)所示,$\forall O_m\in\overline{PQ}$,$\forall O_n\in\overline{ST}$,则

$$D(O,O)$$
$$=\min\{D(O_m,P)+D(P,S)+D(S,O_n),$$
$$D(O_m,P)+D(P,T)+D(T,O_n),$$
$$D(O_m,Q)+D(Q,S)+D(S,O_n),$$
$$D(O_m,Q)+D(Q,T)+D(T,O_n)\}$$
$$\geqslant\min\{D(P,S),D(P,T),D(Q,S),D(Q,T)\}$$
$$\geqslant\min\{|PS|,|PT|,|QS|,|QT|\}$$

因此,$\min\{|PS|,|PT|,|QS|,|QT|\}$是$D(\overline{PQ},\overline{ST})$的下界。

引理 1　不合格朋友对剪枝 I 。如果$d_{\min}(R_m(t),R_n(t))>\varepsilon_{m,n}$,那么$O_m$和$O_n$之间的确切的网络距离必须大于$\varepsilon_{m,n}$,因此这对用户可以被剪枝,亦即服务器端**不用询问**Q_m和Q_n的确切位置就能判断这对用户必定不邻近。

证明:由于$d_{\min}(R_m(t),R_n(t))$是$R_m(t)$与$R_n(t)$之间的距离下界,因此$d_{\min}(R_m(t),R_n(t))$也是O_m和O_n两者之间网络距离的下限。显然,$D(O_m,O_N)\geqslant d_{\min}(R_m(t),R_n(t))>\varepsilon_{m,n}$。因此引理1得证。

讨论:由于$d_{\min}(R_m(t);R_n(t))$是使用欧几里得距离的度量来计算的,因此引理1也称为基于欧几里得距离的下界的剪枝引理。

2. 基于网络距离的下界和上界的剪枝

定理 3.2　给定两个用户O_m,O_n及其安全移动区域$R_m(t)$和$R_n(t)$,如图33(b)所示,可以得到

$$D_{\min}(R_m(t),R_n(t))\leqslant D(R_m(t),R_n(t))$$
$$\leqslant D_{\max}(R_m(t),R_n(t)) \tag{3-5}$$

式中:
$$D_{\min}(R_m(t),R_n(t))=\min_{1\leqslant i\leqslant p,1\leqslant j\leqslant q}D(A_i,B_j) \tag{3-6}$$

$$D_{\max}(R_m(t),R_n(t))$$
$$=\max_{\substack{1\leqslant i\leqslant p-1\\1\leqslant j\leqslant q-1}}\{\min(D(A_{i1},B_{j1}),D(A_{i1},B_{j2}),D(A_{i2},B_{j1})), \tag{3-7}$$
$$D(A_{i2},B_{j2}))+|e_i^m|+|e_j^n|\}$$

证明:$\forall P\in\overline{A_{i1}A_{i2}},\forall P'\in\overline{B_{j1}B_{j2}}$,
$$D(P,P')=\min\{$$
$$D(A_{i1},B_{j1})+|A_{i1}P|+|B_{j1}P'|,$$
$$D(A_{i2},B_{j1})+|A_{i2}P|+|B_{j1}P'|,$$
$$D(A_{i1},B_{j2})+|A_{i1}P|+|B_{j2}P'|,$$
$$D(A_{i2},B_{j2})+|A_{i2}P|+|B_{j2}P'|,$$
$$\}$$

可以看出,$\forall i\in\{1,2,\cdots,p-1\},\forall j\in\{1,2,\cdots,q-1\},|A_{i1}P'|\geqslant 0,|B_{j1}P'|\geqslant 0,|A_{i2}P'|\geqslant 0,|B_{j2}P'|\geqslant 0$恒成立,故可以得到
$$D(R_m(t),R_n(t))\geqslant\min_{1\leqslant i\leqslant p,1\leqslant j\leqslant q}D(A_i,B_j)$$

式中,可以看出$1\leqslant i\leqslant p-1,\forall P\in\overline{A_{i1}A_{i2}},|A_{i1}P|\leqslant|\overline{A_{i1}A_{i2}}|,|A_{i2}P|\leqslant|\overline{A_{i1}A_{i2}}|$恒成立,$1\leqslant j\leqslant p-1,\forall P'\in\overline{B_{j1}B_{j2}},|B_{j1}P'|\leqslant|\overline{B_{j1}B_{j2}}|,|B_{j2}P'|\leqslant|\overline{B_{j1}B_{j2}}|$恒成立。因此可以得到
$$D(R_m(t),R_n(t))$$
$$\leqslant\max_{\substack{1\leqslant i\leqslant p-1\\1\leqslant j\leqslant q-1}}\{\min(D(A_{i1},B_{j1}),D(A_{i1},B_{j2}),D(A_{i2},B_{j1})),$$
$$D(A_{i2},B_{j2})+|\overline{A_{i1}A_{i2}}|+|\overline{B_{i1}B_{i2}}|\}$$

作为结果,定理3.2得证。

引理 2　不合格朋友对剪枝Ⅱ。

如果$D_{\min}(R_m(t),R_n(t))>\varepsilon_{mn}$,那么$O_m$与$O_n$之间的确切网络距离必大于邻近阈值$\varepsilon_{mn}$同样,服务器端无须向这对用户发送询问消息即可判定他们不邻近,因此这对用户是不合格的朋友对,可以将这对移动用户进行剪枝。

证明:根据定理3.2可知$D(R_m(t),R_n(t))\geqslant D_{\min}(R_m(t),R_n(t))$。因为$O_m$和$O_n$位于$R_m(t)$和$R_n(t)$内部,因此$D(O_m,O_n)\geqslant D_{\min}(R_m(t),R_n(t))$。如果$D_{\min}(R_m(t),R_n(t))>\varepsilon_{mn}$,那么$D(O_m,O_n)>\varepsilon_{mn}$。也就是说,$O_m$和$O_n$之间的道路网络距离大于$\varepsilon_{mn}$。因此引理2得证。

引理 3 合格朋友对剪枝。

如果 $D_{\max}(R_m(t),R_n(t)) \leqslant \varepsilon_{mn}$，那么 O_m 与 O_n 之间的确切网络距离必定小于或等于邻近阈值 ε_{mn}，因此这对朋友相互邻近，亦即，服务器端无须向这对用户发送询问消息即可判断他们具有邻近关系，那么这对用户也应该被剪枝。

证明：该证明类似引理 2 的证明。我们知道 $D(R_m(t),R_n(t)) \leqslant D_{\max}(R_m(t),R_n(t))$ 从定理 3.2 中得到，因为 O_m 和 O_n 位于 $R_m(t)$ 和 $R_n(t)$ 内，因此 $D(O_m,O_n) \leqslant D_{\max}(R_m(t),R_n(t))$。如果 $D_{\max}(R_m(t),R_n(t)) \leqslant \varepsilon_{mn}$，那么 $D(O_m,O_n) \leqslant \varepsilon_{mn}$ 成立。也就是说，O_m 和 O_n 之间的确切网络距离不大于阈值 ε_{mn}，这对朋友相互邻近。因此引理 3 得证。

讨论：由于 $D_{\min}(R_m(t),R_n(t))$ 和 $D_{\max}(R_m(t),R_n(t))$ 是通过使用网络距离计算得到，因此引理 2 和引理 3 也分别称为基于网络距离下界和上界的剪枝引理。

3.2.4 服务器端和客户端算法

基于上文提出的用户安全区域的概念和三个剪枝引理，这里提出了客户端和服务器端的相应算法。

1. 服务器端算法

如下的算法 1 所述，在每个时刻，服务器针对每对朋友组合（第 3 行），如果他们满足引理 1（第 4 行），那么将这对用户剪枝（第 5 行）；如果他们满足引理 2（第 7 行），那么将这对用户剪枝（第 8 行）；类似地，如果他们满足引理 3（第 10 行），那么将这对用户剪枝，并向他们发送通知消息，告知他们处于邻近关系（第 11 行）；除此以外，服务器询问在当前时刻尚未更新服务器的用户（第 14~第 19 行），并计算两个用户之间的确切的网络距离，如果确切网络距离小于或等于 ε（第 20 行），那么通知他们（第 21 行）。

算法 1：服务器端 FRMD 算法

```
1   for(t=inintTS;t⩽MaxTS;t+=ΔT)do
2       server.receiveUpdateFromClient(speed,loc);
3       for each friend pair Om and On do
4           if dmin(Rm(t),Rn(t))>εm,n then
5               continue;
6           end
7           if Dmin(Rm(t),Rn(t))>εm,n then
8               continue;
9           end
10          if Dmax(Rm(t),Rn(t))⩽εm,n then
11              server.notify(Om,On)
12          end
13          else
14              if client.notUpdate(Om)then
15                  server.probe(Om);
16              end
17              if client.notUpdate(On) then
18                  server.probe(On);
19              end
20              if D(Om,On)⩽εm,n then
21                  server.notify(Om,On);
22              end
23          end
24      end
25  end
```

---

2. 客户端算法

(1)当移动到其移动区域之外时,客户端会向服务器发送更新消息。

(2)当收到服务器端的询问消息时,客户端会向服务器发送更新消息。

3.2.5　FRMD 的通信成本分析

在本小节分析每个周期内的总通信成本。假设总共有 N 个用户,每个用户平均有 m 个朋友,令 ΔT 表示一个周期的长度,所有朋友对共享相同的邻近阈值。总通信成本 CC_{total} 可分解为以下三种成本:

(1)更新成本 CC_{update},用于衡量客户端向服务器发送的更新消息数目。

(2)询问成本 CC_{probe},用于衡量服务器向客户端发送的询问消息的数目。

(3)通知成本 CC_{notify},它是指服务器发送给处于邻近关系的用户的通知消息数目。这里,忽略 CC_{notify},因为它与安全移动区域的半径无关。

1. 更新成本

假设在此时间间隔内某用户的平均速度为 v',用户每 ΔT 个时间单位对其进行一次定位,那么该时间间隔内用户的更新次数为 $\min\left\{\dfrac{v' \cdot \Delta T}{\lambda},1\right\}$,用户发送更新消息的概率为

$$P_{\text{update}} = \min\left\{\frac{v' \cdot \Delta T}{\lambda},1\right\}$$

因此 N 个移动用户的 CC_{update} 如下所示:

$$CC_{\text{update}} = N \cdot \min\left\{\frac{v' \cdot \Delta T}{\lambda},1\right\} \tag{3-8}$$

从式(3-8)可知,应该最大化 λ 以最小化 CC_{update}。

2. 询问成本

如本章的 3.2.4 节所述,服务器依次检查一对朋友是否满足引理 1、引理 2 和引理 3。只有当三个引理均不满足时,服务器才向用户发送询问消息。

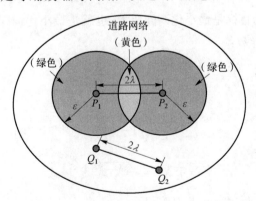

图 3-4　满足引理 1 时线段 $\overline{Q_1 Q_2}$ 的可能所处位置

不满足引理 1 的概率:令 E 表示道路网络 G 中的边数,S 表示道路网 G 的整个区域面积。假定道路网络中边的平均密度为 ξ,所有边在道路网络中根据二维泊松过程随机分布。下面对道路网络的边进行采样以计算平均边缘密度。在这种情况下,每条边的位置是独立的。

如果令$\overline{P_1P_2}$、$\overline{Q_1Q_2}$分别表示两个用户的安全移动区域，那么总共有$\binom{E}{1}$种不同的选择方式选择一条边，使得线段$\overline{P_1P_2}$分布在此边上。一旦确定了线段$\overline{P_1P_2}$的位置，如果要满足引理1，由于$\overline{P_1P_2}$、$\overline{Q_1Q_2}$的最小欧几里得距离要大于ε，所以Q_1和Q_2必须位于在两个绿色圆圈之外的道路网络内部区域如图3-4所示，否则将不能满足引理1。由此，为满足引理1，$\overline{Q_1Q_2}$可能所处的区域面积可以通过公式3-9来计算：

$$\text{Area}(Q_1,Q_2)=S-2\cdot\pi\cdot\varepsilon^2+\text{Area}_{\text{common}} \tag{3-9}$$

式中，$\text{Area}_{\text{common}}$是两个绿色圆形区域的重叠区域（图3-4所示中的黄色部分）。

$$\text{Area}_{\text{common}}=2\cdot\left[\arccos\left(\min\left\{\frac{\lambda}{\varepsilon},1\right\}\right)-\lambda\cdot\sqrt{\lambda^2-\varepsilon^2}\right]$$

因此，总共有$\binom{E}{1}\cdot\xi\cdot\text{Area}(Q_1,Q_2)$种不同的选择方式选择两条边使得线段$\overline{P_1P_2}$和线段$\overline{Q_1Q_2}$满足引理1。由于从整个网络中选择两个边的选择方法数为E^2，因此两个移动区域满足引理1的概率如下：

$$P_{\text{Lemma1}}=\frac{\binom{E}{1}\xi\text{Area}(Q_1,Q_2)}{E^2} \tag{3-10}$$

进而，得出不满足引理1的概率：

$$p_1(\lambda)=1-P_{\text{Lemma1}}=1-\frac{\binom{E}{1}\cdot\xi\cdot\text{Area}(Q_1,Q_2)}{E^2}$$

$$=1-\xi\frac{\left\{S-2\pi\varepsilon^2+2\left[\arccos\left(\min\left\{\frac{\lambda}{\varepsilon},1\right\}\right)\varepsilon^2-\lambda\sqrt{\varepsilon^2-\lambda^2}\right]\right\}}{E} \tag{3-11}$$

不要忘了，本小节的目标是最小化询问成本，也就是最小化询问概率，因此需要首先最小化该$p_1(\lambda)$。计算其导数：

$$P_1'(\lambda)$$

$$=-2\frac{\xi}{E}\left[-\frac{\frac{1}{\varepsilon}\varepsilon^2}{\sqrt{1-(\frac{\xi}{\varepsilon})^2}}-\frac{\varepsilon^2-2\lambda^2}{\sqrt{\varepsilon^2-\lambda^2}}\right]$$

$$=-2\frac{\xi}{E}(-2\sqrt{\varepsilon^2-\lambda^2}) \tag{3-12}$$

$$=4\frac{\xi}{E}\sqrt{\varepsilon^2-\lambda^2}$$

$$\geqslant0$$

由不等式（3-12）可知，$p_1(\lambda)$随着λ变小而变小。因此，需要最小化λ以最小化$p_1(\lambda)$。

不满足引理2和引理3的概率：因为引理2和引理3与λ的关系很小，故而可忽略。这样就获得了服务器端进行后续询问操作的概率：$P_{\text{refine}}\approx p_1(\lambda)$。总询问成本为

$$CC_{probe}$$
$$= N(1-p_{update}) \cdot [1-(1-p_{refine})m]2$$
$$= 2N\left(1-\min\left\{\frac{v' \cdot \Delta T}{\lambda}, 1\right\}\right)\left[1-\xi\right. \tag{3-13}$$
$$\left.\left[\frac{\left\{S-2\pi\varepsilon^2+2\left[\arccos\left(\min\left\{\frac{\lambda}{\varepsilon}, 1\right\}\right)\varepsilon^2-\lambda\sqrt{\varepsilon^2-\lambda^2}\right]\right\}}{E}\right]^m\right]$$

从等式(3-13))和上面的讨论中,可知若要 CC_{probe} 达到最小值,须将 λ 最小化。

3. 讨论

总而言之,看到 λ 增大的同时 CC_{update} 减小,而 λ 减小时 CC_{probe} 减小,所以必须存在一个最优的 λ 使得 CC_{probe} 与 CC_{update} 的和最小。为了解决此问题并降低总通信成本,提出有效的方法以最小化通信成本至关重要。

3.3 自动调整方法

本节介绍三种自动调整安全移动区域大小的自调整方法,即 RMD_{RN}、CMD_{RN} 和 RRMD 方法。

这里,引入了两种操作来调整移动区域以便在必要时控制更新成本和询问成本。使用调节参数 α 用于调节用户的安全移动区域的半径长度。

(1)扩展操作:将安全移动区域的半径乘以 α,移动区域的总长度将扩大。

(2)收缩操作:将安全移动区域的半径除以 α,移动区域的总长度将收缩。

注意:以上操作使用的是除法和乘法,而不是减法和加法,这是因为除法和乘法可以使移动区域收缩和扩展的范围比减法和加法更大。

根据本章 3.2.5 节 3 的内容,可以设计如下调整规则:

(1)当询问的概率很大即半径很大时,应该进行收缩操作。

(2)当更新的概率很大即半径很小时,应该进行扩展操作。

3.3.1 RMD_{RN}/CMD_{RN}方法

文献[134]提出了 RMD(应激移动检测)和 CMD(基于成本的方法)两种自动调整方法,用于在欧几里得空间中实现自调整的邻近检测。在 RMD 和 CMD 的启发下,本节将道路网络的约束条件考虑在内,提出适用于道路网络空间的自调整方法,即 RMD_{RN}(用于道路网络的应激移动检测)和 CMD_{RN}(基于成本的道路网络移动检测)。

对于 RMD_{RN} 方法,当客户端要向服务器发送更新消息时,它将进行扩展操作以减少之后的更新概率。当用户收到来自服务器的询问消息时,它将执行收缩操作,以减少之后的询问概率。

对于 CMD_{RN} 方法,每个客户端分别维护表示更新和询问消息概率的两个计数器:UpdateCount 和 ProbeCount。当客户端发现它在其安全移动区域之外时,其发送更新消息,并且 UpdateCount 增加 1,如果 UpdateCount > ProbeCount,就将其安全移动区域进行扩展;当客户接收到来自服务器的询问消息时,其 ProbeCount 增加 2。如果 ProbeCount > UpdateCount,就执行收缩操作。

通过实验,研究了 RMD 和 CMD 两种方法的效果,发现这两种方法可以在一定程度上降低总通信成本。

3.3.2　基于半径的应激移动检测方法

基于半径的应激移动检测(RRMD)方法是在 FRMD 和 RMD_{RN} 方法的基础上设计的。除了调整参数 α 外,下面还要介绍另一个参数 β。为了使 RRMD 方法更有效,本节建立了初始半径、FRMD 的最优半径和 β 之间的关系。目标是利用初始半径与最佳半径的关系以及借助 RMD_{RN} 的思路使得通信成本降低。

直观地说,无论初始半径是多少,利用最佳半径使总通信成本最小化的 FRMD 方法在一定范围内围绕固定值略有波动。不失一般性,初始半径 $\lambda_{initial}$、最优半径 $\lambda_{optimal}$ 和调整因子 β 之间的关系可以描述为。

$$\beta = \frac{\lambda_{optimal}}{\lambda_{initial}} \tag{3-14}$$

在默认情况下,最优值 $\lambda_{optimal}$ 为 20。可以根据式(3-14)计算调整因子 β。RRMD 的更新和询问相关方法在如下的算法 2 和算法 3 中提到。t_s 是当前时间戳,而 id 是此客户端的 id。

在算法 2 中,当用户不在其移动区域内时,如果 β 不大于 1.0 或不大于 α,客户端将扩展其移动区域,并将其初始值 $\lambda_{initial}$ 乘以 α;否则,客户端扩展其移动区域,将其初始值 $\lambda_{initial}$ 乘以 β。因此,活动区域的半径始终围绕最佳半径振荡,以达到避免它变得太小或太大的效果。在此步骤之后,客户端将检查是否仍在其新的移动区域之外,如果在,那么客户端将使用其位置向服务器进行位置更新。

算法 2:RRMD 的更新相关方法

```
 1  if client. IsOutsideMobileRegion(ts,id) then
 2      if β>1 and β>α then
 3          r'=client. expandMobileRegion(β,r);
 4          server. computeMobileRegionForObject(ts,id,r')
 5      end
 6      else
 7          r'=client. expandMobileRegion(α,r);
              server. computeMobileRegionForObject(ts,id,r')
 8      end
 9      if client. IsOutsideMobileRegion(ts,id) then
10          client. updateToServer(ts,id);
11          costOfUpdate++;
12          if server. notReceivedUpdateFrom[id] then
13              server. receivedUpdateFrom[id]=true;
14          end
15      end
16  end
```

在算法 3 中,当客户端从服务器接收到询问消息时,将其移动区域执行收缩操作,当 $\beta \geqslant \alpha$ 时,该区域将其半径初始值 $\lambda_{initial}$ 除以 β;当 $\beta < \alpha$ 时,将其初始值 $\lambda_{initial}$ 除以 α。

算法 3：RRMD 的询问相关方法

```
 1   if seerver. notReceivedUpdateFrom[id] then
 2       server. probeClient(id,ts);
 3       if β<α then
 4           r'=client. contractMobileRegion(α,r)
 5           server. computeMobileRegionForObject(ts,id,r')
 6       end
 7       else
 8           r'=client. contractMobileRegion(β,r);
 9           server. computeMobileRegionForObject(ts,id,r');
10       end
11       client. updateToServer(ts,id);
12   end
```

RRMD 方法的优点是其自动地使用不同的 β 而不是固定的 α 去调整安全移动区域的半径。它高效并且可扩展到各种半径并大大降低了通信成本。第3.5节中将会有详细的实验说明。

3.4 服务器端计算成本优化

在本章第3.2节与第3.3节讲述的是如何降低总的通信成本。本节将要介绍服务器端的计算成本的优化算法,包括通知策略的优化、道路网络每对节点之间网络距离的计算以及触发时间技术。

3.4.1 通知策略的优化

在3.2.4节中描述的服务器端算法中,如果一个朋友对之间的距离在较长时间区间内(例如,从时刻 $T_1=3$ 到时刻 $T_2=60$)都满足邻近阈值,那么服务器必须在[3,60]时间段的每个时刻都要向这对用户发送通知消息,就会导致高昂的通知成本。因此,使用增量通知技术,以减少通知消息的数量。

令 S,S' 分别表示当前和前一时刻的结果集,在 S 和 S' 中的朋友对数量分别为 n 和 n'。

(1)假设某朋友对属于 S 但不属于 S',则服务器发送正状态的消息给这对朋友。

(2)假设某朋友对属于 S' 但不属于 S,则服务器发送负状态的消息给这对朋友。

为了加快搜索速度,本节使用了红黑树(一种二叉搜索树),并以朋友对 ID 作为搜索关键字。这样,在前一时刻的结果集合 S' 中搜索 S 集合中的朋友对的时间复杂度是 $O(n \log n')$,空间复杂度为 $O(n+n')$。

3.4.2 每对节点间网络距离的计算

每对节点间的网络距离是道路网络中两个节点间的最短路径长度。服务器需要在引理2和引理3中,计算两个移动区域之间的网络距离的上界与下界,即 $D_{max}(R_m(t),R_n(t))$ 和 $D_{min}(R_m(t),R_n(t))$。根据式 (3-6) 和式(3-7),首先计算 $R_m(t)$ 的每个节点 A_i 与 $R_n(t)$ 的每个节点 B_j 之间的网络距离。可以通过将相关的道路网络节点到节点之间网络距离代入公式(3-1)来计算 $D(A_i,B_j)$。这里,提供了以下两种计算道路网络节点到节点之间网络距离的方法。

方法 1：任意节点之间网络距离直接预计算。这个方法用经典的最短路径算法，如 Floyd 算法，来预计算任何两个节点之间的最短路径。方法 1 的优点是通过线下预计算来节省线上的计算成本。

方法 2：" SKETCH"和 Bourgain 算法。在文献[29]中，对于图中的每个节点，使用了一个小的"草图"。本方法通过查找预计算的值并且通过简单的计算以后来估计距离。计算每两个节点之间的网络距离的下限和上限。进而，服务器使用道路网络每两个节点之间网络距离的上限和下限来近似计算 $D_{\max}(R_m(t), R_n(t))$ 和 $D_{\min}(R_m(t), R_n(t))$。这种方法的优点是它可以在大型道路网络中较快地计算出点到点网络距离的下限和上限值。此外，此方法可节省大量内存。感兴趣的读者可以详读文献[29]。

3.4.3 触发时间技术

由前面介绍的服务器端的算法可知，服务器需要在每个时间周期内检查所有的朋友对 $<O_m, O_n>$。为了减轻服务器端的计算负担，可以应用触发时间技术来过滤掉更多的朋友对。

1. 触发时间

(1)触发时间的概念。受文献[61]和文献[134]中触发时间概念的启发，本章提出了触发时间的概念。O_m 和 O_n 的触发时间 $\omega(O_m, O_n)$ 被定义为从当前时刻开始，使得 $R_m(t)$ 和 $R_n(t)$ 之间的最小欧几里得距离不超过邻近阈值 ε 的最早时刻 $t(t \geqslant t_{cur})$。只有当最小欧氏距离小于 ε，它们之间的网络距离才有可能在 ε 之内；否则，它们之间的网络距离绝对大于阈值 ε，即绝对不邻近，因此，服务器不需要处理该朋友对 $<O_m, O_n>$ 直到时刻 $\omega(O_m, O_n)$。

$$\omega(O_m, O_n) = \min\{t \mid t \geqslant t_{cur} \mid (R_m(t), R_n(t)) \mid \leqslant \varepsilon\}$$

(2)触发时间的计算。假设两个运动物体在一条直线上相向运动，只有这样它们之间的欧氏距离才会变为最小。假设上次更新时的速度分别为 spd_m 和 spd_n，位置为 (x_m, y_m) 和 (x_n, y_n)。令 t_{cur} 代表当前时间戳，让 t 代表想要获得的触发时间戳。因此，只需要求解单变量线性不等式即可获得 t。

$$s - (t - t_{cur}) \cdot (spd_m + spd_n) - 2r \leqslant \varepsilon$$

式中，$s = \sqrt{(x_m - x_n)^2 + (y_m - y_n)^2}$。

2. 高效索引触发时间

使用两级堆结构来索引触发时间，类似于文献[134]。高级堆和低级堆都是最小堆。对于每个用户 O_m，它的每个朋友对 $<O_m, O_n>$ 对应于触发时间 $\omega(O_m, O_n)$，存储在本地最小堆 H_m（低级堆），并且只有 H_m 堆顶的朋友对被插入高级堆 H 中。通过使用此两级堆索引，时间复杂度有效地降低到 $O(\log N + m \log m)$，远远小于单级堆的时间复杂度 $O\left(m \log \dfrac{N \cdot m}{2}\right)$。

3.5 实　　验

为了比较本章所提几个算法的通信成本，进行了如下实验。

3.5.1 实验设置

实验中使用的各个参数的默认值和范围如表 3-2 所示。采用文献[17]所提供的道路网络移动物体生成器来生成在不同道路网络中持续运行的海量移动物体。本实验使用了两个不同的道路网络(奥尔登堡道路网络(Oldenburg),以及纽约市道路网的一部分,简称 pNY)。在 100 个时间戳中产生 $N=100\ 000$ 个移动物体。将道路网络归一化后的空间域大小是 $[0,1000]^2$。

表 3-2 参数值

参数	含义	默认值	范围
N	用户数	100 000	500~100 000
m	每个用户的朋友数	10	5~100
ϵ	临近阈值	10	1~100
V_{limit}	最大速度	42.8032	2.0~200
λ	移动区域半径	7.395	0.01~200
α	可调节参数	2	1~16
β	可调节参数	$20/\lambda$	>0~60

3.5.2 FRMD 实验

图 3-5(a)和(b)所示为通过实验研究 FRMD 成本模型的结果,其中 $m=30,\varepsilon=10,\Delta T=1s$,描绘了不同固定半径 λ 下对应的通信成本(通信消息数目)。可以看出,当半径大时,询问成本高;当半径小时,更新成本高。毫无疑问的是,通知成本与半径 λ 无关。同时,可以找出使得整个通信成本最小化时的最优半径 λ。实验结果与在 3.2.4 节中分析的一致。

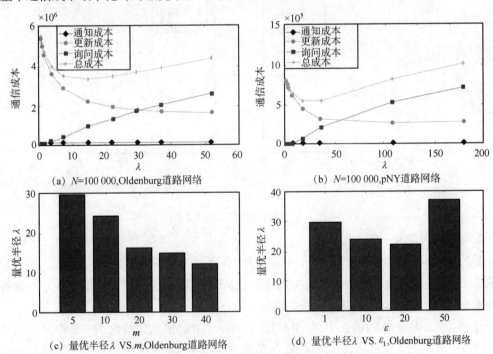

(a) N=100 000,Oldenburg道路网络　　　　(b) N=100 000,pNY道路网络

(c) 量优半径λ VS.m,Oldenburg道路网络　　　(d) 量优半径λ VS. ε₁,Oldenburg道路网络

图 3-5 FRMD 实验结果

接下来,针对每种情况,通过实验来确定能够使得通信成本最小化的最优半径。在 $N=100\ 000$ 的情况下,图 3-5(c)所示的是当 $\varepsilon=10$ 时,最优半径 λ 随着每位用户的平均好友数 m 的变化情况,图 3-5(d)所示的是当 $m=10$ 时,最优半径 λ 随着邻近阈值 ε 的变化情况。由此可看出,最优半径 λ 与所选择的 m 和 ε 的值有关。

3.5.3 自动调整方法性能实验

本小节研究自动调整方法的性能。

1. 敏感性实验

本实验研究的是 FRMD、RMD_{RN}、CMD_{RN} 和 RRMD 方法的敏感性,比较在 Oldenburg 和 pNY 道路网络上应用这些方法产生的通信成本随着安全区域半径 λ 的变化情况。

图 3-6 所示的是这些方法在移动区域初始半径 λ 下的通信成本。在图 3-6(a)所示中,Oldenburg 道路网络上参数 N、m、V_{limit},α 和 β 的值被设置为表 3-2 中的默认值。在图 3-6(b)所示中,pNY 道路网络上的用户数 $N=10000$,其他参数保持与图 3-6(a)相同。观察到 FRMD 方法得到的曲线的形状与 3.2.5 节中的分析一致;相较于 RMD_{RN} 和 CMD_{RN} 方法,RRMD 方法大大降低了 FRMD 方法的通信成本。从图中可以看到,RRMD 方法比 RMD_{RN} 和 CMD_{RN} 方法振荡得平缓。当初始半径 λ 较大时,RRMD 方法可以大大降低通信成本,但 RMD_{RN} 和 CMD_{RN} 方法似乎并未起到作用。此外,对于所有半径值 λ 来说,所提出的 RRMD 方法与 RMD_{RN} 或 CMD_{RN} 方法相比,大大减少了 FRMD 的通信成本。

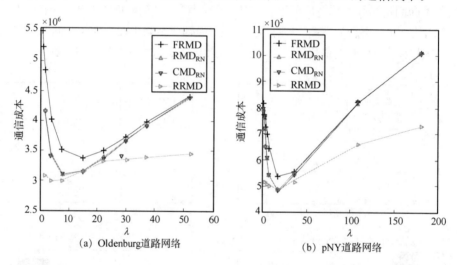

| (a) Oldenburg道路网络 | (b) pNY道路网络 |

图 3-6 通信成本与 λ 的关系图

2. 可扩展性实验

随后,分别在 Oldenburg 和 pNY 道路网路上,通过改变各种参数(如 N、V_{limit}、ε 和 m),将 RRMD 方法与其他方法(RMD_{RN}/CMD_{RN})进行了比较。结果表明,RRMD 方法是可靠的并针对不同参数可以进行扩展的。

在图 3-7～图 3-10 的场景中,每个参数 $N,m,\varepsilon,\alpha,\beta$ 的值均设置为表 3-2 中给出的默认值。图 3-7 所示的是这些方法关于不同 N 值的通信成本(N 表示用户数量),并且从图中可以看出 RRMD 方法实现了四种方法中最低的通信成本。图 3-8 所示的是这些方法关于不同最大速度限制值 V_{limit} 的通信成本。从图中可以看出,RRMD 方法产生的通信成本可随着最大速度限制值 V_{limit} 进行线性扩展,并且,相比于其他方法,其通信成本更低。图 3-9 所示的是这些方法产生的通信成本与阈值 ε 的函数关系。同样发现,RRMD 方法的通信成本也是这四种方法中最低的。图 3-10 所示的是这些方法造成的通信成本与 m 的函数关系(m

表示每个用户的平均朋友数）。显然,在所有四种方法中,RRMD 方法产生了最低的通信成本,并且其通信成本可近似随着 m 进行线性扩展。

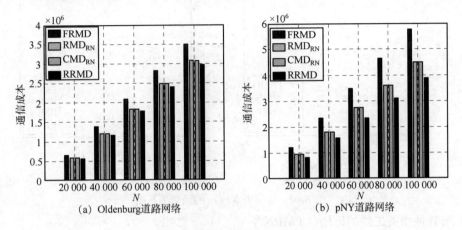

图 3-7　通信成本与 N 的关系图

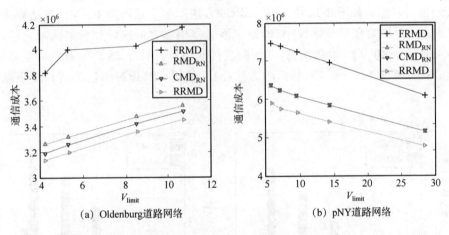

图 3-8　通信成本与 V_{limit} 的函数关系图

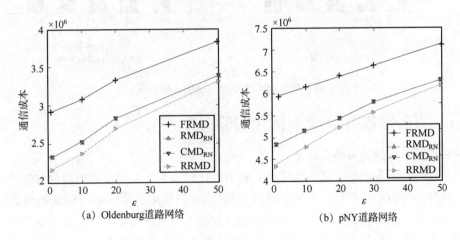

图 3-9　通信成本与 ε 的函数关系图

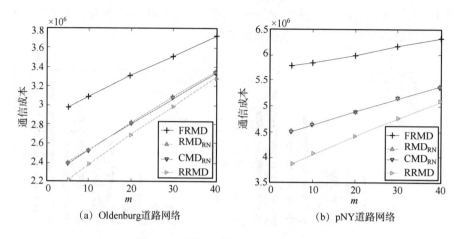

（a）Oldenburg道路网络　　　　　（b）pNY道路网络

图 3-10　通信成本与 m 的函数关系图

3. 与其他相关工作的比较（CPMRN[68]）

实验的最后部分将本章所介绍方法与 CPMRN[68] 提出的方法（这里把该方法命名为 CPMRN）进行对比。如图 3-11 所示，CPMRN 方法产生了比所提 RRMD 方法要多得多的通信成本。这是因为在 CPMRN 中，即使在服务器构建邻近区域和分离区域之后，服务器仍然必须向每个客户端 c 发送消息，以便向其传输信息。另外，客户端有两种更新消息，即邻近预警和分离预警。因此，与我们的方法相比，使用 CPMRN 方法的客户端更新的频率要高得多。

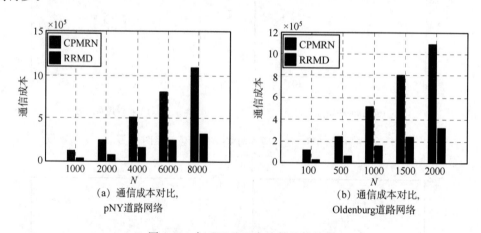

（a）通信成本对比，　　　　　（b）通信成本对比，
　　pNY道路网络　　　　　　　Oldenburg道路网络

图 3-11　与 CPMRN 方法的比较结果

3.5.4　服务器端计算成本优化实验

1. 节点到节点的网络距离计算

本节进行的服务器端计算成本优化实验用以比较 3.4.2 节中描述的两种方法的通信成本、运行时间和内存。从图 3-12 所示可以发现，服务器使用方法 2 的时间比使用方法 1 的时间要多得多。这是因为此服务器时间不包括方法 1 中的预计算时间。方法 1 和方法 2 的通信成本之间的差距很小。表 3-3 所示的方法 2 比方法 1 所需的内存少。如果道路网络很大，那么方法 1 使用的内存远大于方法 2 的内存（见表 3-3），所示可以选择方法 2。

表3-3 内存对比

道路网络	方法1的内存/KB	方法2的内存/KB
Oldenburg	3 507 252	116 820
pNY	25 456	6 176

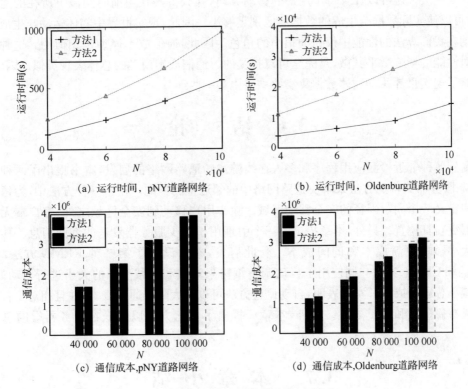

(a) 运行时间，pNY道路网络　　　　　(b) 运行时间，Oldenburg道路网络

(c) 通信成本,pNY道路网络　　　　　(d) 通信成本,Oldenburg道路网络

图 3-12 时间和通信成本的对比

2. 触发时间技术的实验

在 pNY 道路网络中进行实验,其中对于不同的 m 值,各个参数的值均默认使用表 3-2 中给出的值。从表 3-4 所示中,可以观察到触发时间技术(见第 3.4.3 节)大大减少了服务器总时间。

表3-4 服务器的总时间

m	没有触发时间技术的服务器时间/s	有触发时间技术的服务时间/s
5	562	167
10	933	176
20	2 087	267
30	4 911	297
40	8 998	336

3.5.5 现实世界中移动物体的实验

以上报告的实验结果是基于真实世界的道路网络中用移动物体生成器生成的用户而进

行的。由于真实物体的运动与生成的物体不同。因此以出租车乘(T-Drive)轨迹数据集为例来讨论现实世界中运动物体的实验。

真实的轨迹数据没有速度信息或边的信息,但是生成的物体数据包含在每个时刻物体所在的边和速度信息。然而根据实际的运动轨迹数据,可以计算出每个精细的时间间隔,例如,每5s一次。还可以计算每个用户的移动方向,并获得其在当前时间戳下所在的边的信息,它可以使实际数据与生成的数据的区别足够小。因此,现实世界中物体运动与生成物体的运动在我们算法的性能中仅扮演很小的角色。因此,通信成本模型是相似的。这种差异对相对性能的影响微乎其微,是完全可以接受的。通信成本模型的总体表现类似。因此,在此省略了现实世界移动物体数据集实验结果中的一些细节。

3.6　结　　论

受到各种邻近检测应用程序和多人在线游戏的道路网络的启发,本书提出了两种基于客户端-服务器架构的方法来解决道路网络中的邻近检测查询。在第一种方法中,为每个移动客户定义一个固定半径的安全移动区域。除非用户移动到安全区域之外,客户端无须向服务器更新其位置。另外,本章提出了三个引理用于减少服务器发送的询问消息。移动区域的大小影响更新成本和询问成本。受此启发,本章设计了第二种 RRMD 方法,它与 RMD_{RN} 和 CMD_{RN} 方法一同使用了自动调整策略来对移动区域半径的大小进行自动调整,从而减小总通信成本。实验表明,自动调整方法可以大大降低通信成本,并且相对于各种参数都具有鲁棒性和可扩展性。此外,本章还提出了优化方法以降低在服务器端的总计算成本。

3.7　本　章　小　结

本章对道路网络中基于地理空间距离的邻近检测问题及解决方案进行了阐述。3.1节给出了对道路网络的建模,以及道路网络邻近检测问题的定义。3.2节提出了一种固定半径的移动检测方法——FRMD,包括服务器端和客户端的算法,用来在实现邻近检测的同时能够产生较低的通信成本。3.3节提出了自动调整安全区域半径的方法,以进一步降低通信成本。3.4节给出了服务器端计算成本的优化方法。3.5节介绍了针对提出的方法在 Oldenburg、pNY 两个道路网络上进行了实验,验证了所提出方法的有效性、可扩展性。3.6节对本章所提出的算法及实验结果进行了简要总结。

第4章 时间感知道路网络中基于移动边缘计算的临近检测

4.1 问 题 陈 述

在此定义了时间感知道路网络,给出了时间感知道路网络中临近检测问题的定义。

4.1.1 定义和符号

本节介绍了本章所使用的定义和符号(部分定义沿用第 3 章)来为时间感知道路网络建模。

定义 1:节点。节点是两个或更多个不同线段的交点。如图 4-1(a)所示,J_2,J_5 等是典型的节点。

定义 2:边。边是连接两个相邻节点的线段。边 e 表示为四元组$(\text{eid}, \text{nid}_{\text{from}}, \text{nid}_{\text{to}}, \text{len})$,其中,eid 是 e 的标识符,nid_{from} 和 nid_{to} 是 e 的起始和结束节点的标识符,len 是 e 的长度。如图 4-1(a)所示,(J_1, J_2),(J_1, J_4),(J_4, J_5),(J_2, J_5),(J_5, J_6)等都是边。

定义 3:网络点。网络点是位于道路网络的边上的二维点。例如,图 4-1(a)所示中的 P_1、Q_1、P_2、Q_2、J_2 和 J_6 都是网络点。

定义 4:网络距离。给定道路网络中的两个网络点 P 和 P',它们的网络距离由下式给出:

$$D(P, P') = \min_{\substack{i \in \{s, t\}, \\ i' \in \{s', t'\}}} (D(P, J_i) + D(J_i, J_{i'}) + D(J_i, P'))$$

道路网络中两个网络点之间的网络距离是两点之间最短路径的长度。例如,在图 4-1(a)所示中,P_1 和 Q_1 之间的欧几里得距离表示为$|P_1 Q_1|$,而它们之间的网络距离为

$$D(P_1, Q_1) = \min_{\substack{i \in \{1, 2\}, \\ i' \in \{4, 5\}}} (D(P_1, J_i) + D(J_i, J_{i'}) + D(J_i, Q_1))$$

定义 5:线段。线段是同一条边上的两个网络点之间的部分。第一个网络点是起点,第二个网络点是终点。如图 4-1(a)所示,$\overline{P_1 P_2}$,$\overline{Q_1 Q_2}$是线段。

定义 6:时间感知的道路网络。时间感知的道路网络 $G_T = (N, E)$ 是有向图,其由两个有限集 N 和 E 组成,分别表示一个节点集和一个边集。每个边 (J_i, J_j) 都有两个与之相关的函数:$v_{\max}((J_i, J_j), t, O)$ 和 $\text{len}(J_i, J_j)$,分别表示用户 O 在时间 t 离开 J_i 时边 (J_i, J_j) 所允许的最大速度、边 (J_i, J_j) 的长度。注意,每类用户的平均速度是时间相关的,而每条边的长度与时间无关。

例如,图 4-2 所示的是一个简单的道路网络。

定义 7：时间距离。两个移动物体在时间 t 的时间距离是这两个物体在时间 t 离开各自当前位置直到彼此相遇所需要的最少时间。

以图 4-2 为例，在某个时刻，物体 O_1 和 O_2 分别向 J_2 和 J_5 移动。网络距离的计算如下：$D(O_1,O_2)=10+20+10=40$。在时间感知的道路网络中，移动物体的最大速度取决于时间。假设 O_1 和 O_2 分别以 v_1 和 v_2 的恒定速度运动，那么时间距离 $T(O_1,O_2)=\dfrac{D(O_1,O_2)}{v_1+v_2}=\dfrac{40}{2+3}=8$。

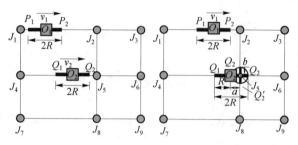

（a）T_1时刻的安全区域　　　（b）$T_2=T_1+\Delta T$时刻的安全区域

图 4-1　固定半径的安全区域

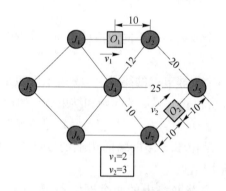

图 4-2　时间感知道路网络示例

定义 8：安全区域。用户的安全区域形式上是一条边上的一条线段，或者是几条边上的几条线段。更正式地，安全区域可以由一系列线段组成的树来表示。如果移动区域的半径是 R，则从该树的根到每个叶子的网络距离等于 $2R$。用 $R_m(t)$ 表示用户 O_m 在时刻 t 的移动区域。

假设$(A_1,A_2,\cdots,A_p)$是 $R_m(t)$ 的顶点；$(B_1,B_2,\cdots,B_q)$是 $R_n(t)$ 的顶点，则 $R_m(t)$ 和 $R_n(t)$分别具有 $p-1$ 个边和 $q-1$ 个边。

$$R_m(t)=\bigcup_{1\leqslant i\leqslant p-1}e_i^{(m)}$$
$$R_n(t)=\bigcup_{1\leqslant j\leqslant q-1}e_j^{(n)}$$

式中，$e_i^{(m)}$ 和 $e_j^{(n)}$ 分别表示 $R_m(t)$ 和 $R_n(t)$ 的任意边。$e_i^{(m)}=\overline{e_i^{(m)}.\mathrm{from},e_i^{(m)}.\mathrm{to}}$，$e_j^{(m)}=\overline{e_j^{(n)}.\mathrm{from},e_j^{(n)}.\mathrm{to}}$。其中 $e_i^{(m)}.\mathrm{from}$ 和 $e_i^{(m)}.\mathrm{to}$ 表示 $e_i^{(m)}$ 的两个端点，$e_j^{(n)}.\mathrm{from}$ 和$e_j^{(n)}.\mathrm{to}$表示 $e_j^{(m)}$ 的两个端点。

如图 4-1(b)所示，在时间 t，O_1 的安全区域 $R_1(t)$ 是$\{\overline{P_1P_2}\}$，在时间 t，O_2 的安全区域 $R_2(t)$ 是$\{\overline{Q_1J_5},\overline{J_5Q_2},\overline{J_5Q_{2'}},\overline{J_5Q_{2''}}\}$。

4.1.2 问题设定

定义9:时间感知道路网络中的临近检测。给定一个时间感知的道路网络G_T,一组移动物体以及它们之间的朋友关系,每种类别的用户在每条边的平均速度函数和时间阈值T_ε,时间感知道路网络G_T中的临近检测问题是设计有效的具有低通信成本、低通信延迟、低计算成本的解决方案,以找出每对朋友之间的时间距离是否不超过T_ε。

注意:用于度量临近关系的标准是两个移动用户之间的时间距离,而不是它们之间的网络距离。

假设所有移动物体都配有定位装置,所有服务器都配有道路网络地图,并了解道路网络的每条边的长度和每个节点的坐标。服务器端的目标是检查在每个时刻(例如每秒)、每个朋友对的临近关系。

4.2 基于MEC的临近检测体系架构

如第4.1节所述,最终目标之一是尽可能地减少客户端和服务器之间的通信时延,以实现道路网络临近检测的可靠性和实时性。为此,如图4-3所示,设计了基于MEC的临近检测架构,因为MEC可以提供低时延、高带宽和直接访问实时网络信息的服务环境。

在基于MEC的临近检测架构中,核心网位于通信网络的中心,多个MEC服务器部署在多个边缘云中。每个移动用户(即Client)与最近的MEC服务器通信,而不必通过核心网与中心服务器通信。

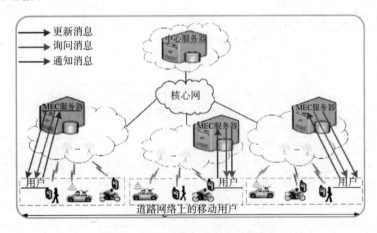

图4-3 基于MEC的临近检测架构

通信机制如下:用户可以向MEC服务器发送更新消息,以报告其位置和速度等运动参数;MEC服务器可以向客户端发送询问消息,用来询问其运动状态信息;并且,MEC服务器还可向客户端发送通知消息,告知其与谁处于临近状态。因此,总通信成本包括更新消息数目、询问消息数目和通知消息数目。这样,此临近检测架构既保留了客户端和服务器之间的正常通信机制,又可以充分利用MEC在低时延方面的优势。

同时,在传统的客户端-服务器架构中,中心服务器负责计算所有移动用户之间的临近关系,这导致中心服务器的计算负担和计算复杂度太高。相比之下,在新的临近检测架构中,每个 MEC 服务器只需要对与之通信的用户进行临近检测,因此计算负担可大大降低。

值得注意的是,大多数用户可以在一个 MEC 服务器的覆盖范围内找到与其临近的朋友。但是,对于位于一个 MEC 服务器管辖范围边缘处的某些用户,与他们临近的朋友可能不在同一个 MEC 服务器的覆盖范围内,而在另一个 MEC 服务器的覆盖范围内,从而与另一个 MEC 服务器通信。因此,为了确保临近检测的准确性,每个 MEC 服务器将位于其覆盖范围边缘处的那些用户报告给中央服务器,并让中央服务器负责这些位于 MEC 服务器边缘处的用户的临近检测。

也就是说,对大多数移动用户的临近检测都是在 MEC 服务器上进行的,只有那些位于每个 MEC 服务器覆盖范围边界处的用户才需要中央服务器介入检测。由中央服务器计算的检测结果将更新到相应的 MEC 服务器。注意,在我们提出的基于 MEC 的临近检测架构中,不管是由 MEC 服务器负责计算临近关系的大多数用户,还是由中央服务器计算临近关系的少数用户,都只与 MEC 服务器进行通信,并不与中央服务器通信,这就保证了我们所提架构的低时延特性。表 4-1 所示的是本章使用的符号及其意义。

表 4-1　本章使用的符号及其意义

符号	意义
N	道路网络中的用户总数
T_ε	时间临近阈值
m	每个用户的平均朋友数
R	安全(移动)区域的半径
(J_i, J_j)	连接 J_i 和 J_j 的边
$\overline{PQ}$	线段 $\overline{PQ}$
$|PQ|$	P 和 Q 之间的欧几里得距离
$D(PQ)$	P 和 Q 之间的道路网络距离
$R_m(t)$	用户 O_m 在 t 时刻的安全区域
$v_{\max}(O)$	用户 O 的最大速度
$v_{\max}((J_i, J_j), t, O)$	如果在时间 t 离开 J_i,则用户 O 在边 (J_i, J_j) 上允许的最大速度
$d_{\min}(R_m(t), R_n(t))$	$R_m(t)$ 和 $R_n(t)$ 之间的欧几里得距离的下界
$D_{\min}(R_m(t), R_n(t))$	网络距离 $D(R_m(t), R_n(t))$ 的下界
$D_{\max}(R_m(t), R_n(t))$	在时间 t,网络距离 $D(R_m(t), R_n(t))$ 的上限
$t_{\min}(R_m(t), R_n(t))$	在时间 t,基于 $d_{\min}(R_m(t), R_n(t))$ 的 $R_m(t)$ 和 $R_n(t)$ 之间的时间距离的下限
$T_{\min}(R_m(t), R_n(t))$	在时间 t,基于 $D_{\min}(R_m(t), R_n(t))$ 的 $R_m(t)$ 和 $R_n(t)$ 之间的时间距离的下限
$T_{\max}(R_m(t), R_n(t))$	在时间 t,$R_m(t)$ 和 $R_n(t)$ 之间的时间距离的上限
$e_i^{(m)}$	物体 O_m 的安全区域 $R_m(t)$ 的第 i 个边
$e_j^{(n)}$	物体 O_n 的安全区域 $R_n(t)$ 的第 j 个边

4.3　算法:基于时间的移动区域检测方法

基于所提出的架构,本章提出了一种临近检测方法,即基于时间感知移动区域的检测(TMRBD),每个客户端都有一个移动区域。首先介绍使用的移动区域,然后提出四个引理用于剪枝,其利用两个客户端的移动区域之间的时间距离的下限和上限。将分别介绍客户端和服务器端的算法。

4.3.1 时间感知网络中的移动区域

为每个客户定义一个移动区域,除非客户端移动到其移动区域之外,否则它不需要向服务器发送更新消息。设 R 表示每个客户端的移动区域的固定半径,T_{last} 表示上次更新的时间戳,T_{cur} 表示当前时间戳。其中,$T_{cur} = T_{last} + \Delta T$,表示客户端在时间 T_{last} 的位置,$P_{T_{cur}}$ 表示客户在当前时间 T_{cur} 的当前位置,并且让 v_{avg} 表示时间段内的平均速度 (T_{last}, T_{cur})。然后,$P_{(T_{last}+\Delta T)}$ 和 $P_{T_{last}}$ 之间的确切网络距离计算如下:

$$D(P_{(T_{last}+\Delta T)}, P_{T_{last}}) = v_{avg} \cdot \Delta T$$

举例说明了时间感知道路网络中的移动区域。如图 4-1 所示,O_1 和 O_2 是沿边 (J_1, J_2) 和 (J_4, J_5) 移动的两个用户。在图 4-1(a)中,假设两个用户 O_1 和 O_2 刚刚在时刻 T_1 向服务器报告它们的位置,并且长度为 $2R$ 的线段 $\overline{P_1 P_2}$ 和 $\overline{Q_1 Q_2}$ 是 O_1 和 O_2 的移动区域。其中,O_1,O_2 分别是 $\overline{P_1 P_2}$ 和 $\overline{Q_1 Q_2}$ 的中点。在图 4-1(b)所示中,在时刻 T_2,O_1 和 O_2 再次向服务器发送位置更新消息,长度为 $2R$ 的线段 $P_1 P_2$ 是 O_1 的新的移动区域,中点为 O_1。随着 O_2 临近 J_5,其移动区域不再完全位于边 (J_4, J_5)。假设 O_2' 距离 J_5 是 a 个单位距离,其中 $a < R$,那么其移动区域的最左边的点 Q_1 距离 J_5 $(R+a)$ 个单位。这里,O_2 在到达 J_5 时有三个不同的方向移动,然后我们的方法将线段 $\overline{J_5 Q_2}$,$\overline{J_5 Q_{2'}}$,$\overline{J_5 Q_{2''}}$ 包括在其移动区域中。假设 $|\overline{J_5 Q_2}| = |\overline{J_5 Q_{2'}}| = |\overline{J_5 Q_{2''}}| = b$,则 $b = R - a$。

4.3.2 剪枝引理

在时间感知的道路网络中,服务器检查它所负责的每对朋友是否在时间临近阈值内。实际上,由于服务器不需要连续询问每个客户端的位置和速度,有时没有必要询问一些朋友对,因此可以安全地剪枝掉这样的朋友对。为了便于服务器避免不必要地检查一些朋友对,提出了如下三种剪枝引理。

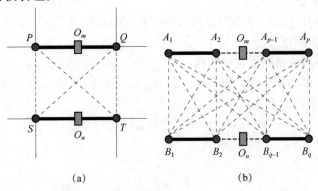

图 4-4 两个移动物体及其移动区域

1. 基于时间距离下限的不合格朋友对的剪枝

定理 5.1 若给定两个移动区域 $R_m(t)$ 和 $R_n(t)$,如图 4-4(b)所示,则以下不等式成立:

$$d_{min}(R_m(t), R_n(t)) \leqslant D(R_m(t), R_n(t))$$

式中,$d_{min}(R_m(t), R_n(t))$ 从欧几里得距离的角度给出 $(R_m(t), R_n(t))$ 的下界,并且可以通过以下等式计算:

$$d_{min}(R_m(t), R_n(t)) = \min_{1 \leqslant i \leqslant p, 1 \leqslant j \leqslant q} |A_i, B_j|$$

式中，$(A_1,A_2,\cdots,A_p)$ 是 $R_m(t)$ 的顶点；$(B_1,B_2,\cdots,B_p)$ 是 $R_n(t)$ 的顶点。

定理 5.2 若给定两个移动区域 $R_m(t)$ 和 $R_n(t)$，如图 4-4(b)所示，则下面的不等式成立：

$$D_{\min}(R_m(t),R_n(t)) \leqslant D(R_m(t),R_n(t))$$

式中，$D_{\min}(R_m(t),R_n(t))$ 从网络距离的角度给出 $D(R_m(t),R_n(t))$ 的另一个下限，并且可以通过以下等式计算：

$$D_{\min}(R_m(t),R_n(t)) = \min_{1\leqslant i\leqslant p,1\leqslant j\leqslant q}|A_i,B_j|$$

式中，$(A_1,A_2,\cdots,A_p)$ 是 $R_m(t)$ 的顶点；$(B_1,B_2,\cdots,B_p)$ 是 $R_n(t)$ 的顶点。

注意，在本文中的衡量临近度的指标指的是时间距离。因此，必须计算两个移动区域之间的时间距离的下限。

定理 5.3 若给定两个移动物体 O_m 和 O_n，以及它们的移动区域 $R_m(t)$ 和 $R_n(t)$，如图 4-4(b)所示，则它们之间基于 $d_{\min}(R_m(t),R_n(t))$ 的时间距离的下限可以如下式给出：

$$t_{\min}(R_m(t),R_n(t)) = \frac{d_{\min}(R_m(t),R_n(t))}{v_{\mathrm{mar}}(O_m)+v_{\mathrm{mar}}(O_n)}$$

式中，$v_{\mathrm{mar}}(O_m)$ 和 $v_{\mathrm{mar}}(O_n)$ 分别代表 O_m 和 O_n 的最大速度。

定理 5.4 若给定两个移动物体 O_m 和 O_n，以及它们的移动区域 $R_m(t)$ 和 $R_n(t)$，如图 4-4(b)所示，则它们之间基于 $D_{\min}(R_m(t),R_n(t))$ 的时间距离的下限可以如下式给出：

$$T_{\min}(R_m(t),R_n(t)) = \frac{d_{\min}(R_m(t),R_n(t))}{v_{\mathrm{mar}}(O_m)+v_{\mathrm{mar}}(O_n)}$$

引理 1 不合格的剪枝 I。对于物体 O_m 和 O_n，如果 $t_{\min}(R_m(t),R_n(t))$ 大于时间阈值 T_ε，那么该朋友对之间的时间距离必大于 T_ε，因此这对朋友应该被剪枝。

证明：引理 1 的证明是显然的。

引理 2 不合格的剪枝 II。对于物体 O_m 和 O_n，如果 $T_{\min}(R_m(t),R_n(t))$ 大于时间阈值 T_ε，那么该朋友对之间的时间距离必大于 T_ε，因此应该剪枝掉该朋友对。

证明：引理 2 的证明很简单。

根据引理 1 和引理 2，服务器可以剪枝掉那些时间距离肯定大于临近阈值的朋友对。因此可以节省大量询问消息。

2. 基于时间距离的合格朋友对剪枝

定理 5.5 若给定两个移动物体 O_m 和 O_n，以及它们的移动区域 $R_m(t)$ 和 $R_n(t)$，如图 4-4(b)所示，则下面的不等式成立：

$$D(R_m(t),R_n(t)) \leqslant D_{\max}(R_m(t),R_n(t))$$

其中

$$D_{\max}(R_m(t),R_n(t))$$
$$= \max_{\substack{1\leqslant i\leqslant p-1\\1\leqslant j\leqslant q-1}}\left\{\begin{array}{c}\min\{D(e_i^{(m)}.\mathrm{from},e_j^{(n)}.\mathrm{from}),\\ D(e_i^{(m)}.\mathrm{from},e_j^{(n)}.\mathrm{to}),\\ D(e_i^{(m)}.\mathrm{to},e_j^{(n)}.\mathrm{from}),\\ D(e_i^{(m)}.\mathrm{to},e_j^{(n)}.\mathrm{to})\}+|e_i^{(m)}|+|e_j^{(n)}|\end{array}\right\}$$

式中，$(A_1,A_2,\cdots,A_p)$ 是 $R_m(t)$ 的顶点；$(B_1,B_2,\cdots,B_p)$ 是 $R_n(t)$ 的顶点；$e_i^{(m)}=e_i^{(m)}.\mathrm{from}$，$e_i^{(m)}.\mathrm{to}$，并且 $e_j^{(n)}=e_j^{(n)}.\mathrm{from}$，$e_j^{(n)}.\mathrm{to}$；$|e_i^{(m)}|$ 和 $|e_j^{(n)}|$ 分别代表边 $e_i^{(m)}$ 和 $e_j^{(n)}$。

根据我们之前在静态道路网络中进行临近检测的工作，定理 5.5 显然有效。其给出了两个移动区域之间网络距离的上限。接下来，计算两个移动区域之间的时间距离的上限。

定理 5.6 若给定两个移动物体 O_m 和 O_n，以及它们的移动区域 $R_m(t)$ 和 $R_n(t)$，如图 4-4(b)所示，它们之间的时间距离的上限可以如下式给出：

$$T_{max}(R_m(t), R_n(t)) = \frac{D_{max}(R_m(t), R_n(t))}{v_{min}(O_m) + v_{min}(O_n)}$$

式中，$v_{min}(O_m)$ 和 $v_{min}(O_n)$ 分别表示 O_m 和 O_m 的最小速度。

引理 3 合格朋友对的剪枝。若给定两个移动物体 O_m 和 O_n，以及它们的移动区域 $R_m(t)$ 和 $R_n(t)$，如果它们之间的时间距离的上限不大于 T_ε，则该朋友对必须在附近且应该被选入临近结果集中。

根据引理 3，服务器可以避免询问那些时间距离肯定不大于临近阈值的朋友对，因此可以节省许多询问消息。

3. 基于时间距离下限的时间戳剪枝

引理 4 不合格的时间戳剪枝。给定两个移动物体 O_m 和 O_n，以及它们的移动区域 $R_m(t)$ 和 $R_n(t)$，如果它们的移动区域之间的时间距离的下限仍然大于 $T_\varepsilon + \Delta T * a$，则从当前时刻到以后 a 个时刻，两个移动的客户肯定不临近，因此这些时间戳应该被剪枝。

根据引理 4，服务器可以避免计算 $[t_{cur}, t_{cur} + \Delta T * a]$ 时间段内的时间距离肯定大于临近阈值的每个朋友对的时间距离的下限或上限，从而不用询问那些朋友对。因此，可以节省许多询问消息。

4.3.3 客户端和服务器端算法

基于移动区域的定义和上面提出的四个剪枝引理，在本小节中介绍了 TMRBD 方法的客户端和服务器端算法。

1. 客户端算法

在如下的算法 1 的描述中，其中主要目的是减少客户端发送的更新消息的数量。此算法与第 3 章中的算法 1 基本相同。

TMRBD 的客户端算法

1　**if** 客户 O 超出了其移动区域 **then**

2　　$O.$ UpdateToServer(speed, location)；

3　**end**

4　**if** 客户端 O 从服务器收到探测消息

　　then

5　　$O.$ UpdateToServer(speed, location)；

6　**end**

---

2. 服务器端算法

在算法 2 的描述中，主要目的是减少服务器发送的询问消息。从初始时间戳 initTS 开始，服务器每 ΔT 时间单位检查一次临近(第 1 行)。在每个时间戳 t，服务器首先接收客户端发送的更新消息(第 2 行)；然后，服务器检查每对移动的朋友是否临近。使用变量 nextTS$[i]$ 来表示服务器需要在下次检查第 i 个朋友对是否在附近时的"下一个"时间戳。注意，"下一个"时间戳 nextTS$[i]$ 并不意味着 $t + \Delta T$，因为服务器可能不需要在几个连续时间周期内检查该朋友对的临近度。最初，将所有 nextTS$[i]$ 设置为当前时间戳 t(第 3～5 行)。对于每对朋友，如果当前时间戳小于 nextTS$[i]$(第 8 行)，则在当前时间戳，服务器不

需要检查第 i 个朋友对(第 9 行);如果引理 1 满足(第 11 行),则引理 4 也满足,因此服务器计算引理 4 中的变量 a 的值,并且在下面 a 个时间戳中服务器不需要检查它们的临近度,所以用 a 来更新 nextTS$[i]$,这对朋友肯定不临近,所以不需要检查他们(第 12～14 行);如果引理 2 满足(第 16 行),这意味着引理 4 也可以满足,所以服务器计算引理 4 中的变量 a 的值,并且在下面 a 个时间戳中服务器不需要检查他们是否临近,所以使用 a 的值来更新 nextTS$[i]$,这对朋友肯定不临近,所以他们不需要被检测(第 17～19 行);如果引理 3 满足(第 21 行),这意味着这对朋友肯定临近,所以服务器需要通知这两个朋友他们的临近(第 22 行)并更新 nextTS$[i]$ 为"下一个"时间戳(第 23 行);否则(第 25 行),服务器在当前时期(第 26～28,第 29～31 行)询问尚未向服务器更新的客户,计算两个客户之间的确切网络距离,然后计算他们之间的时间距离(第 32 行),如果时间距离不大于 T_ε(第 33 行),就通知他们的临近程度,最后更新 nextTS$[i]$(第 35 行)。

TMRBD 的服务器端算法

```
1   for(t=initTS;t≤MaxTS;t+=ΔT)do
2       server. receiveUpdateFromClients(speed,location);
3       for(i=0;i≤FriendPairs. size();i++)do
4       |    nextTS[i]=t;
5       end
6       for (i=0;i≤FriendPairs. size();i++)do
7       |    ⟨Oₘ,Oₙ⟩ is the i-th friend pair;
8       |    if t<nextTS[i] then
9       |    |    continue;
10      |    end
11      |    if t_min(Rₘ(t),Rₙ(t))>T_∅ₘ,ₙ then
12      |    |    a=(int)(T_min(Rₘ(t),Rₙ(t))−T_∈ₘ,ₙ)/ΔT;
13      |    |    nextTS[i]=t+(a+1)*ΔT+1;
14      |    |    continue;
15      |    end
16      |    if T_min(Rₘ(t),Rₙ(t))>T_∅ₘ,ₙ then
17      |    |    a=(int)(T_min(Rₘ(t),Rₙ(t))−T_∅ₘ,ₙ)/ΔT;
18      |    |    nextTS[i]=t+(a+1)*ΔT;
19      |    |    continue;
20      |    end
21      |    if T_max(Rₘ(t),Rₙ(t))≤T_∅ₘ,ₙ then
22      |    |    server. notify(Oₘ,Oₙ);
23      |    |    nextTS[i]=t+ΔT;
24      |    end
25      |    else
26      |    |    if! client. update(Oₘ) then
27      |    |    |    server. probe(Oₘ);
28      |    |    end
29      |    |    if! client. update(Oₙ) then
30      |    |    |    server. probe(Oₙ);
31      |    |    end
32      |    |    if T (Oₘ,Oₙ)≤T_∅ₘ,ₙ then
33      |    |    |    server. notify(Oₘ,Oₙ);
34      |    |    end
35      |    |    nextTS[i]=t+ΔT;
36      |    end
37      end
38  end
```

4.4　服务器端计算成本优化

另一个目标是降低服务器端的计算成本。为了实现这一目标，下面使用两种方法，即线下每对节点网络距离预计算以及使用 OpenMP 进行并行计算。

4.4.1　线下点到点网络距离预计算

时间距离的计算需要用到两个移动区域之间的网络距离的下界和上界，会使用节点到节点网络距离，即两个节点之间的最短网络距离。如果每次都在线上计算每对节点之间的网络距离，那就太费时了。因此，我们使用 APSP(All-Pairs Shortest Paths，全对最短路径)算法，即 Floyd(弗洛伊德)算法，是预先计算道路网络中每对节点之间的网络距离的算法。

4.4.2　使用 OpenMP 进行并行计算

OpenMP 是一个工业级的、独立于平台的并行编程库，内置于所有现代 C 和 C++编译器中。与复杂的并行平台不同，OpenMP 旨在使向现有顺序程序添加并行性变得相对容易。

在临近检测问题中，网络中有如此多的移动客户，每个移动客户都有一定数量的朋友。因此，可能需要检查数百万个朋友对以确定他们是否临近。在这种情况下，循环中有数百万个朋友对。为了满足每个时刻每个服务器上数百万个朋友对的临近检测的要求，采用 OpenMP 并行计算，可以根据多核 CPU 的核心数使用多个并行线程并行运行循环。因此，每个并行线程仅负责朋友对的一部分，从而可以在很大程度上减少总计算时间。

4.5　实　　验

下面进行实验来评估所提出的算法和技术的性能，包括所提出的 TMRBD 方法的通信成本，利用 MEC 对通信延迟的减少程度和对通信成本的影响，以及服务器端计算成本的计算成本优化技术。

4.5.1　实验设置

1. 实验准备

表 4-2 所示的是在实验中使用的参数的默认值及其范围。使用基于网络的移动物体生成器在两个不同的道路网络上生成移动物体(一个是奥尔登堡道路网络，另一个是纽约市(NY)道路网络的一部分，简称为 pNY)。奥尔登堡公路网络包含 6105 个节点和 7035 个边，而 pNY 公路网络包含 500 个节点和 1155 个边。总共在 100 个时间戳中生成 $N=$ 100 200个移动物体；将道路网络的空间域大小归一化为$[0,1000]^2$。在归一化后，两个道路网的边的平均长度分别变为 7.395 和 35.873。

所有实验均在 Microsoft Visual Studio 2017 中使用 C/C++在台式机上实现，该台式机具有 Inter(R)Core(TM)i7-7820 CPU @ 2.90 GHz 处理器和 32.0 GB RAM，运行 64 位 Windows 10 操作系统。

2. 用于实验的 MEC 服务器部署

在实验中,根据以下策略在道路网络上部署 MEC 服务器。如图 4-5 所示,在道路网络上均匀部署了四台 MEC 服务器。由于整个道路网络已经规一化为正方形,因此可以将其分为四个大小相等的部分,四个 MEC 服务器位于四个部分的中心。因此,每个 MEC 服务器的覆盖范围是以 MEC 服务器为中心,$\frac{\sqrt{2}L}{4}$ 为半径的圆。其中 L 是道路网络的边长。

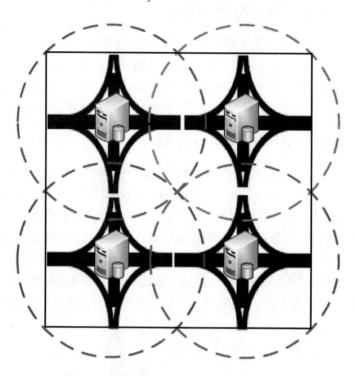

图 4-5   道路网络上的 MEC 服务器部署方案

4.5.2   TMRBD 实验

本小节阐述了 TMRBD 方法的性能评估结果。若没有具体表明,则参数值被设置为表 4-2所示中的值。

表 4-2   参数默认值及其范围

参数	默认值	范围
N	100200	500~100200
T_ε	3	3~20
m	30	5~40
R	7.395(Oldenburg) or35.873(pNY)	0.01~200

除了提出的 TMRBD 算法,也模拟了两种基线方法,即 PU(Periodic Update)方法和 MRWP(Mobile Region Without Pruning)方法。PU 方法不涉及移动区域,但允许客户端

周期性地(例如,每个时刻)向服务器发送更新消息。MRWP 方法为移动用户设置移动区域,但它不采用服务器端的剪枝策略。

为了比较三种方法对通信成本的影响,将三种方法产生的通信成本绘制为移动区域的半径 R 相对于不同的 T_ε($T_\varepsilon=3,4$)的函数,如图 4-6 所示。观察两个道路网络,无论 R 如何变化,PU 方法和 MRWP 方法总是导致较大的通信成本;而 TMRBD 方法产生的通信成本最低。原因如下。

(1)PU 方法没有移动区域,并且要求每个客户端在每个时刻发送更新消息,因此它导致大的更新成本并且在图中显示直线,因为它与半径无关。

(2)虽然 MRWP 为每个客户维护一个移动区域,但它没有采用剪枝策略,因此如果客户端在每个时刻没有向服务器发送更新消息,服务器必须向客户端发送询问消息,这导致除了更新成本之外,还有大的询问成本。

(3)TMRBD 方法采用的是客户端更新策略和服务器端剪枝策略,以便减少客户端更新成本和服务器端的询问成本。

这些结果表明,TMRBD 方法可以有效地降低通信成本。

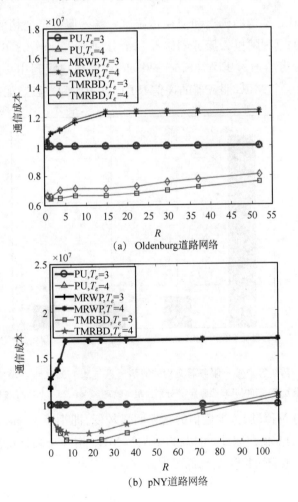

(a) Oldenburg道路网络

(b) pNY道路网络

图 4-6　通信成本基于移动区域半径 R 的比较

由图 4-6(b)所示,可以观察到,TMRBD 方法可以降低通信成本,对广泛范围的半径成立。然而,当半径大(例如,大于 85)时,通信成本增加甚至可能大于 PU 方法所产生的通信成本。实际上,因为整个网络已被归一化为 $[0,1000]^2$,因此,若将移动区域的半径设置为大于 85,则是不切实际的。因此,我们可以得出结论,TMRBD 方法对于广泛范围的移动区域半径均可以在很大程度上降低通信成本。

4.5.3 MEC 对通信时延的减少实验

在真实 oldenburg、PNY 道路网络上,其边长会超过 100 km。这样,在传统的 C/S(客户端-服务器)架构中,从传统中心服务器到客户端的距离会至少是 $100\sqrt{2}\approx141$ km。而在我们的基于 MEC 的架构中,基于图 4-5 部署 MEC server,由于 MEC 服务器位于道路网的每个子区域的中心,从 MEC 服务器到客户端的最长距离可以是 $25\sqrt{2}\approx35$ km。实际上,我们可以部署更多个(如 9、16)MEC 服务器来覆盖道路网络,因此从 MEC 服务器到客户端的最大距离可以更小,例如,$\frac{100}{6}\sqrt{2}\approx23.6$ km,$\frac{100}{8}\sqrt{2}\approx17.7$ km。

为了比较使用 MEC 架构的延迟和使用传统客户端—服务器架构的延迟,部署了一个远离实验室 141 km 的远程阿里云服务器以及三个分别为 35 km,23.6 km 和 17.7 km 的 MEC 服务器,MEC 服务器通过 FiWi(Fiber-Wireless)网络连接到用户终端。测试并绘制传统远程服务器以及三个 MEC 服务器的通信 RTT(往返时间)延迟,如图 4-7 所示。

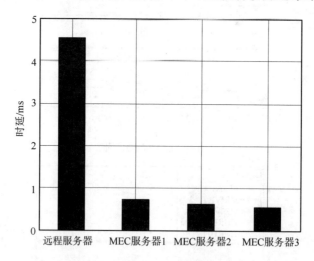

图 4-7　传统客户端—服务器架构的通信延迟与基于 MEC 架构的延迟

注:"MEC 服务器 1""MEC 服务器 2"和"MEC 服务器 3"分别为距实验室 35 km、23.6 km,17.7 km 的三个 MEC 服务器。

由实验观察到,与 MEC 服务器通信的延迟明显较低,即小于 1 ms,而远程中央服务器的延迟至少可达前者的 6 倍。因此,可以得出结论,MEC 增强型临近检测架构可以在很大程度上减少通信延迟,并且可以满足超低延迟要求。

4.5.4 MEC 影响通信成本的实验

在传统的客户端—服务器体系结构中,由于每个客户端都与中央服务器通信,因此中央服务器涉及大量通信消息。然而在基于 MEC 的临近检测架构中,除了中央服务器的存在之外,MEC 服务器被部署在多个边缘云中。由此可见在 MEC 增强体系结构中,中央服务器和 MEC 服务器都参与通信消息。

下面比较了 MEC 增强架构下中央服务器和 MEC 服务器所涉及的通信成本,如图 4-8 所示,其中,"中央服务器"指的是 MEC 增强架构中的中央服务器。注意,MEC 服务器涉及大部分通信成本,而中央服务器仅涉及通信成本的一小部分,这表明 MEC 服务器在 MEC 增强架构中扮演了更重要的角色。

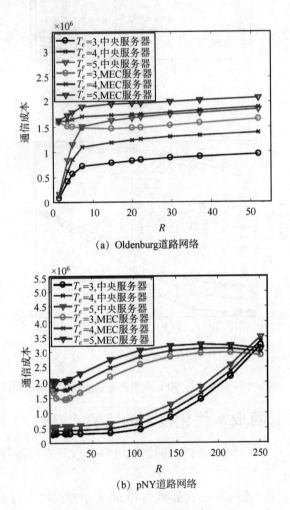

(a) Oldenburg道路网络

(b) pNY道路网络

图 4-8　MEC 中央服务器与 MEC 服务器的通信成本比较示意

我们也基于传统的中心化客户端-服务器架构实现了我们的临近检测算法,以比较我们的 MEC 架构中的中央服务器所涉及的通信成本与传统中心化客户端-服务器架构中的中央服务器的通信成本,如图 4-9 所示。观察到当我们应用算法在传统的中心化客户端-

服务器架构中时,单一的中央服务器涉及非常大的通信成本,而当我们应用算法在我们的 MEC 临近检测架构中时,MEC 架构中的中央服务器,即,MEC 中央服务器,仅仅涉及了很小的通信成本。因此,我们可以得到结论:MEC 架构节省了客户端与中央服务器之间的通信成本。

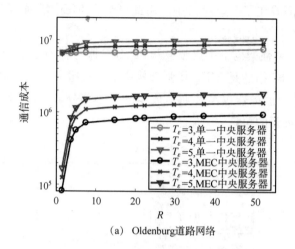

(a) Oldenburg道路网络

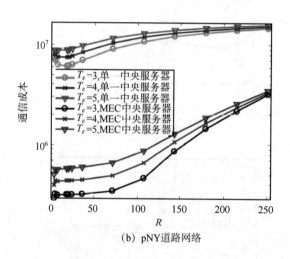

(b) pNY道路网络

图 4-9　传统中央服务器与 MEC 中央服务器的通信成本比较示意

4.5.5　服务器端计算成本优化技术的实验

通过利用服务器端计算成本优化技术(例如使用 OpenMP 进行并行计算),可以减少服务器端的大量计算时间。

如图 4-10 所示的是在 Oldenburg 道路网络和 pNY 道路网络上分别使用一个单线程、基于 OpenMP 的多线程来分别描绘计算时间相对于不同的移动区域半径 R 的变化曲线。由图可观察到,无论在 Oldenburg 道路网络还是 pNY 道路网络上,使用基于 OpenMP 的多线程后的服务器端计算时间都大大减少,即使移动区域半径 R 很大,也不会大于或等于 1s。因此,我们可以得出结论,提出的计算成本优化技术可以有效地降低计算成本。

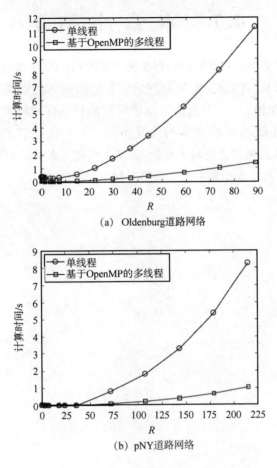

(a) Oldenburg道路网络

(b) pNY道路网络

图4-10 运行时间比较：单线程与多线程处理

4.6 结 论

在本章中，提出了时间感知道路网络中的临近检测问题，并使用时间距离作为判断两个物体是否临近的度量。为了减少服务器和用户之间的通信延迟，本章提出了一种基于 MEC 的临近检测架构。为了减少通信成本（消息数量），本章提出了一种基于移动区域的临近检测解决方案，即 TMRBD，分别给出了其客户端和服务器端的算法。为了降低计算成本，本章提出了服务器端计算优化技术。实验结果表明：

(1)基于 MEC 的临近检测架构可以有效地减少通信延迟；

(2)与一些基线方法相比，基于移动区域的检测方法可以有效地降低通信成本；

(3)我们的服务器端计算优化方法可以很大地减少计算运行时间。

4.7　本章小结

本章对道路网络中基于时间距离的临近检测问题及解决方案进行了阐述。4.1节给出了对道路网络的建模以及时间感知的道路网络临近检测问题的定义。4.2节提出了基于MEC的临近检测体系架构。4.3节提出了基于时间的移动区域检测方法,以降低通信成本。4.4节给出了服务器端计算成本的优化方法。4.5节介绍了针对提出的方法在Oldenburg、pNY两个道路网络上进行了实验,验证了所提出方法的有效性、可扩展性。4.6节对本章所提出的算法及实验结果进行了简要总结。

第5章 基于 GPS 轨迹的兴趣点推荐

如第 1 章与第 2 章所述,兴趣点推荐是一项重要的基于位置的服务。本章解决了从 GPS 轨迹出发进行兴趣点推荐的问题。

5.1 问题定义和框架概述

本节中将介绍问题设置和框架概述。

给定一组移动用户 U 以及他们的历史 GPS 轨迹 Traj,基于用户的轨迹模式,通过考虑其受欢迎程度、时间和地理影响来为其推荐其潜在可能感兴趣的语义位置(POI)。在基于密度的聚类算法和贝叶斯规则的基础上,提出了一个推荐模型框架,即 PTG-Recommend,它为 POI 推荐提供了强有力的概率基础。该方法的新颖之处在于,从用户的 GPS 轨迹出发推荐 POI,而不是从 POI 集合中推荐 POI。该方法的优点是在提取 POI 时会考虑语义,并从 GPS 轨迹中挖掘受欢迎程度高的信息以及时间和地理影响,从而提高 POI 推荐的准确性。

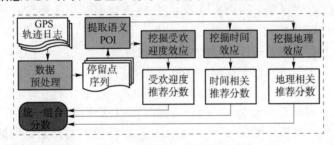

图 5-1 统一框架 PTG-Recommend 的概述

总的来说,统一的 PTG-Recommend 框架包括①数据预处理;②提取语义 POI;③挖掘受欢迎度效应;④挖掘时间效应;⑤挖掘地理效应;⑥为提取的 POI 推导出统一的推荐评分六个步骤。如图 5-1 所示,该框架首先将每个用户的原始 GPS 轨迹转换为停留点序列,然后利用语义增强的聚类技术提取语义 POI。然后,通过考虑每个 POI 的受欢迎程度获得受欢迎程度得分;并通过考虑时间影响得出与时间相关的推荐分数;然后再进行地理挖掘后获得地理相关的推荐分数。最后,结合三个分数一起得出每个 POI 的统一组合分数。

在详细说明统一框架的六个步骤之前,先给出一些定义。

定义 1　GPS 轨迹　每个用户的 GPS 轨迹表示为时间相关的三元组序列,形式为(纬度,经度,t),这些序列是从 GPS 记录中收集的。

定义 2　停留点　停留点是用户在特定时间段停留的地理位置。停留点由纬度-经度信息以及访问时间组成,其形式为四元组(纬度,经度,t_{in},t_{out})。我们构造一个映射从每个元组(纬度,经度)到位置点 p。其中 t_{in} 和 t_{out} 分别表示签到和签出时间戳。

定义 3　兴趣点　兴趣点是指人们感兴趣的位置(区域),其中包含多个停留点,并且该区域的质心的坐标是其内部所有停留点的坐标的平均值。一般通过将停留点聚类来获得兴趣点。详细信息将在第 5.2.2 节中说明。

定义 4 **基于密度的 ε 邻域（Density-based ε neighborhood）** 对于给定点 p，NB(p) 表示其基于密度的 ε 邻域，其定义如下：

$$\left\{\begin{array}{ll} \text{NB}(p) & = \{o \in S \mid \text{dist}(p,o) \leqslant \varepsilon\} \\ |\text{NB}(p)| & \geqslant \text{MinPts} \end{array}\right.$$

式中，S 表示停留点集，o 表示 S 中的任意点；ε 定义了密度并表示以 p 为中心的邻域圆的半径，MinPts 表示邻域中所需的最少停留点数。

定义 5 **密度可连接（Density-joinable）** 如果存在同时属于 A 和 B 的点 o，则集合 A 与另一个集合 B 密度可连接。

定义 6 **基于密度阈值的可连接（Density-threshold-based joinable）** 给定两个集合 A 和 B，如果有至少 MinPtsOfJ 个停留点同时属于 A 和 B，那么说 A 和 B 是基于密度阈值的可连接。

如图 5-2 所示，说明了基于密度的 ε 邻域和基于密度阈值的可连接关系，其中 MinPtsOfJ＝3 和 ε＝8。

5.2　兴趣点推荐模型框架详述

5.2.1　数据预处理

如图 5-1 所示，首先将每个用户的原始 GPS 轨迹数据转换为停留点序列，原始轨迹数据包含一组用户在特定时间戳下所在位置的纬度—经度信息，将原始 GPS 轨迹数据的每一项记录为（纬度，经度，t）的形式，这样每个用户的轨迹就表示为三元组序列。

此外，使用了一个二维数组来存储经纬度元组，并构建每个元组（纬度，经度）到位置点 p 的映射［用一个数值（键号）表示］。使用数据结构 Maps 的优势在于，可以从键号中获取的纬度—经度信息，时间复杂度为 $O(\log n)$；同时可以从纬度—经度信息中获得位置点 p 的键号，时间复杂度同样也是 $O(\log n)$。其中，n 表示停留点的总数。因此，每个用户都有一系列停留位置点。

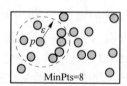 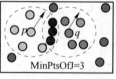 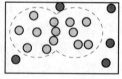

(a)　密度-NB(p)　　(b)　Density-Threshold-Based-Joinable　　(c)　DTBJ聚类

图 5-2　基于密度阈值的连接（DTBJ）聚类

注：(a)为点 p 的 NB(p)包含红色圆内的点；(b)为 NB(p)基于密度阈值可连接 NB(q)；(c)的红色圆内为最终聚类结果

为了获得合格的候选停留点，使用以下两个规则来筛选不合格的原始停留点：

(1)过滤掉客户访问时长少于时间阈值 t_e 的停留点；

(2)过滤掉客户访问少于 T 次的停留点。

在执行该预处理步骤之后，仅将用户访问了超过 T 次并且超过时间阈值 t_e 的那些停留点选入候选停留点序列集中。

5.2.2 提取语义 POI

下面介绍从候选停留点序列中提取语义 POI 的方法。

1. 提取集群

使用如图 5-3 所示的三层模型从 GPS 轨迹中挖掘兴趣点。图 5-3 所示为其自下而上的过程：首先，基层是 GPS 轨迹，如第 5.2.1 节所述，根据定义 2 从用户的 GPS 轨迹中提取停留点，使用此定义筛选一些无效的 GPS 点并选择有效的停留点。其次，在获得这些停留点之后，根据定义 3 准备提取兴趣点。然后根据文献[144]和[145]所提的基于密度的聚类算法——DJ-Cluster(DJ 聚类)算法，引入了第三个参数 MinPtsOfJ，并提出了一种新的基于密度的聚类算法，即 DTBJ-Cluster(DTBJ 聚类)，并对候选停留点执行 DTBJ 聚类从而获得 POI。

(1)DJ-Cluster 算法。对于每个停留点 p，DJ-Cluster 都会计算其基于密度的 ε 邻域。如果找不到 p 的邻域，就将 p 标记为噪声；否则，如果存在其邻域中的一个属于现有集群 c_i，则该算法将 NB(p) 与 c_i 合并；否则，如果没有邻域位于现有集群中，则该算法将 NB(p) 创建为新集群。

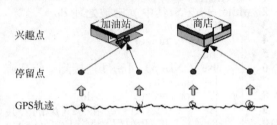

图 5-3 提取 POI 的三层模型

(2)DTBJ-Cluster 算法。其是在上述 DJ-Cluster 算法和基于密度阈值的可连接性的基础上设计的。除了 DJ 聚类算法已经定义的两个参数 ε 和 MinPts 之外，DTBJ 聚类算法引入了第三个参数 MinPtsOfJ，其表示 NB(p) 与其基于密度的聚类的交集区域的公共点个数。该算法的主要思想在下述 5.2.3 小节中算法 1 的第 2～第 24 行中予以阐述。

针对预定参数 ε 和 MinPts 计算未处理停留点 p 的基于密度的邻域 NB(p)。如果 NB(p) 为空，就意味着在点 p 找不到邻域，那么就为其建立新的集群；否则，为 NB(p) 找一组密度可连接的集群 C_{dj}。对于每个集群 $c_i \in C_{dj}$，如果 NB(p) 和 c_i 之间公共点的数目大于或等于 MinPtsOfJ，那么合并 NB(p) 与集群 c_i；如果所有集群 $c_i \in C_{dj}$，NB(p) 和 c_i 之间的公共点数小于 MinPtsOfJ，那么基于 NB(p) 创建一个新的聚类 c；如果不存在 NB(p) 的密度可连接聚类，那么也基于 NB(p) 新建一个聚类 c。

2. SEM-DTBJ-Cluster 提取语义增强的 POI

给定 n 个停留点，经过数据预处理和 DTBJ-Cluster，提取了一些簇。为了获得语义 POI，许多应用程序允许用户手动标记和注释这些位置，但是人为标记会导致用户在标记上花费时间，所以应避免使用。因此，很多现有工作使用反向地理编码技术来提取语义信息。然后，按照文献[21]中的 SEM-CLS(语义增强聚类)的思想，对每个聚类应用两步拆分和合并，从而提出我们的 SEM-DTBJ-Cluster(SEMantics-enhanced DTBJ-Cluster)算法(见算法 1)。

在拆分步骤(算法 1 的第 25-34 行)中，先从每个集群中采样点。然后通过使用 Google Map API 对采样点进行反向地理编码来获取街道地址。随后，使用黄页目录获得语义信息。如果一个集群内的这些采样点的语义不同，则该集群将被拆分，因为它可能包含多个语义 POI。

在合并步骤(算法 1 的第 35-44 行)中，如果两个集群含有相同的语义 POI，则它们将被合并。使用语义列表向量 l_s 来表示集群的所有语义特征，通过比较两个集群的 l_s(下述 5.2.3 小节中的算法 1 的第 40 行)，以确定是否应该合并它们。

5.2.3　挖掘受欢迎度效应

　　旅游业中不同的名胜古迹拥有不同的受欢迎度,餐饮业中不同餐馆也有不同的受欢迎度。具有较高人气的景点往往更有意义或更有价值,具有较高人气的餐厅往往会生产较高质量或更美味的食物。从这个角度来看,高人气的POI应该吸引更多的游客或顾客。这些简单事实说明了不同POI的受欢迎度效应的存在。

算法 1:SEM-DTBJ-Cluster 算法

输入:ε,MinPts,MinPtsOfJ,停留点集合 S,当前 clusters 集合 C_{dj}

输出:兴趣点(clusters)集合 C

```
1   C←clusters 集合;
2   while ∃p∈S,其中 p 未被处理 do
3       if NB(p)=空集,then
4           p← noise;
5       end
6       else if NB(p) 可密度连接到一组现有 clusters Cdj,then
7           flag←0;
8           for i=0 to |Cdj| do
9               PtsOfJ←ci 和 NB(p)的公共点数;
10              if PtsOfJ≥MinPtsOfJ then
11                  ci←ci ∪ NB(p);
12                  flag←1;
13              end
14          end
15          if not flag,then
16              c←NB(p);
17              C.push_back(c);
18          end
19      end
20      else
21          c←NB(p);
22          C.push_back(c);
23      end
24  end
25  for i=0 to |C| do
26      在 ci 中采样 n 个停留点;
27      for 每个采样点 sp do
28          反向地理编码 sp;
29          获得 sp 的语义;
30      end
31      if ci 包含 ns 个不同的语义,then
32          根据每个停留点的语义将 ci 分为 ns 个集群;
33      end
34  end
35  for i=0 to |C| do
36      for j=0 to |C| do
37          if cj=ci,then
38              continue;
39          end
40          if ls of ci=ls of cj,then
41              ci←ci ∪ cj;
42          end
43      end
44  end
```

令 t_{cur} 表示当前日期，l 表示语义 POI，$x_{up}^{(t)}$ 表示用户 u 是否在日期 t 访问了停留点 p，有

$$x_{up}^{(t)} = \begin{cases} 1, & u \text{ visited } p \text{ at } t \\ 0, & u \text{ did not visit } p \text{ at } t \end{cases}$$

因此，令 L 表示提取的 POI 集合，N 表示 L 中 POI 的数量，从用户的历史轨迹，通过下述计分函数，在所有用户上记录一个累积分数来评价每个 POI l 的流行度。

$$c_{t,l}^{(p)} = \text{popScore}_{l}^{(t)} = \frac{\sum_{u \in U} \sum_{0 \leqslant t \leqslant t_{\text{cur}} \&\& p \in l} x_{up}^{(t)}}{\sum_{u \in U} \sum_{0 \leqslant i \leqslant N} \sum_{(0 \leqslant t \leqslant t_{\text{cur}} \&\& p \in l_i)} x_{up}^{(t)}} \tag{5-1}$$

式中，l_i 表示集合 L 中的第 i 个 POI。注意：在式(5-1)中，使用所有用户而不是某个用户 u 的每个 POI 的签入历史记录。一般认为，更多人访问的 POI 往往更有价值。因此，可以向用户推荐那些获得较高人气的 POI。

5.2.4 挖掘时间效应

在挖掘时间效应时，利用周期性的时间属性，将时间划分为周期性的时隙（按日期）。

1. 利用时间影响

人们每天都去几个相同或至少相似的地方。例如，一个人每天早晨去公园做运动，然后白天去他的工作场所，然后每天去特定的餐馆吃晚餐。可以从一个人在此日期和另一个日期之间的常规行为中轻松找到这些相似或相同的行为。鉴于这些事实，准备利用提取的 POI 来研究时间（日期）因素对用户访问行为的影响。

给定一个用户，基于用户的协同过滤技术计算该用户与其他用户之间的相似度。类似于文献[137]的思想，基于每个 POI 上其他用户访问日志的加权组合，使用协同过滤为该 POI 生成时间推荐分数。我们的工作与文献[137]之间的明显区别在于，他们专注于 POI 数据对 POI 推荐的时间影响；而我们的工作则从 GPS 数据中考虑了受欢迎度、时间和地理影响，并提出了一个统一的框架，另一个不同之处在于所使用的指标不同。我们用"天"来衡量时隙，而文献[137]采用"小时"来衡量时隙。

更具体地，假设 $v \in u$ 是一个用户，并 $l \in L$ 是一个 POI，这里 L 为提取的 POI 的集合。如果 v 之前访问过 l，则令 $c_{v,l} = 1$；否则，$c_{v,l} = 0$。因此，对于用户 u，u 访问 l 的推荐分数可以计算为：

$$\widehat{c_{u,l}} = \frac{\sum_{v} s_{u,v} c_{v,l}}{\sum_{v} s_{u,v}}$$

式中，$s_{u,v}$ 表示客户 u 与客户 v 的相似性，可以通过各种方法来计算。式(5-2)定义了 u 和 v 的余弦相似度，其中每个用户由整个 POI 集 L 上的二值访问向量表示。

$$s_{u,v} = \frac{\sum_{l} c_{u,l} c_{v,l}}{\sqrt{\sum_{l} c_{u,l}^2} \sqrt{\sum_{l} c_{v,l}^2}} \tag{5-2}$$

根据日期将总时间段分成多个相等的时间间隔。利用"用户—日期—POI"（User-Date-POI，UDP）多维数据集来存储访问记录。UDP 多维数据集的每个元素 $c_{v,t,l}$，指定用户 v 是否在日期 t 访问 POI l，其中

$$c_{v,t,l} = \begin{cases} 1; & \text{if } v \text{ visits } l \text{ at date } t \\ 0; & \text{elsewise} \end{cases}$$

因此，用户 u 在日期 t 访问 POI l 的推荐分数为

$$\widehat{c_{u,t,l}^{(t)}} = \frac{\sum\limits_{v} s_{u,v}^{(t)} c_{v,t,l}}{\sum\limits_{v} s_{u,v}^{(t)}}$$

式中，$s_{u,v}^{(t)}$ 表示 u 和 v 的时间行为相似度。

下面详细介绍计算 $s_{u,v}^{(t)}$ 的过程。根据两个用户在所有日期的常规行为来估计相似度。很自然地，如果两个用户在同一日期以较高的频率访问相同的 POI，那么他们的相似度值将很高。而且，在这种情况下，一个用户的访问历史记录将显著影响另一用户的推荐分数。因此，可以通过扩展式(5-2)表示的余弦相似度来重新计算 u 和 v 的相似度：

$$s_{u,v}^{(t)} = \frac{\sum\limits_{t=1}^{T}\sum\limits_{l=1}^{L} c_{u,t,l} \cdot c_{v,t,l}}{\sqrt{\sum\limits_{t=1}^{T}\sum\limits_{l=1}^{L} c_{u,t,l}^2} \sqrt{\sum\limits_{t=1}^{T}\sum\limits_{l=1}^{L} c_{v,t,l}^2}} \tag{5-3}$$

假设用户 u 在日期 t_1 和 t_2 访问 l_1 和 l_2，而用户 v 在日期 t_2 和 t_1 访问 l_1 和 l_2。由式 (5-2)，如果不考虑时间，两个客户端之间的相似度为 1。但是，若考虑时间，根据式(5-3)，相似度则变为 0。这是因为与用户 POI 矩阵相比，UDP 多维数据集要稀疏得多。注意，在式(5-3)中，是通过考虑基于 UDP 多维数据集的时间效应来估计相似度的。

为了解决由于稀疏性引起的这个问题，令 $c_{u,t} = \{c_{u,t,1}, c_{u,t,2}, \cdots, c_{u,t,l}\}$ 表示用户 u 在日期 t 的访问向量。对于每个用户 u，计算两个日期 t_i 和 t_j 的每两个访问向量 $c_{u,ti}$ 和 $c_{u,tj}$ 的余弦相似度［见式(5-4)］。令 $\lambda_{t_i t_j}$ 表示两个日期 t_i 和 t_j 的相似度值，其指的是 t_i 和 t_j 对于所有用户的相似度的平均值［见式(5-5)］。

$$s_{t_i t_j}^{(u)} = \frac{\sum\limits_{l=1}^{L} c_{ut_i l} \cdot c_{ut_j l}}{\sqrt{\sum\limits_{l=1}^{L} c_{ut_i l}^2} \sqrt{\sum\limits_{l=1}^{L} c_{ut_j l}^2}} \tag{5-4}$$

$$\lambda_{t_i t_j} = \frac{1}{U} \cdot \sum\limits_{u=1}^{U} s_{t_i t_j}^{(u)} \tag{5-5}$$

图 5-4 所示的是 Geolife 轨迹数据集[①]上四个不同日期之间的余弦相似度。Geolife 轨迹数据集拥有 182 个移动用户的超过五年的 GPS 轨迹（将每年划分为 365 天）。该数据集中的每条记录都记录了哪个用户在哪一天的什么时间（小时：分钟：秒）访问了哪个站点（第 5.3.1 节提供了此数据集的详细信息）。在此图中，描述了所有用户的日期-日期相似性。可以看到，日期 27 的相似性曲线描述了整个周期内日期 27 和其他每个日期之间的访问相似性，其他三条曲线类似。可以看到，对于特定的某个用户，两个临近日期之间的相似性更高，例如，日期 27 和日期 27～54 的相似性远高于日期 27 和另一个较远的日期之间的相似性。总之，某一日期的访问活动与某些特定日期的访问活动更为类似。这一现象鼓励人们设计一个利用时间效应的框架来进行兴趣点推荐。

---

① ＊ http://research.microsoft.com/en-us/downloads/b16d359d-d164-469e-9fd4-daa38f2b2e13/

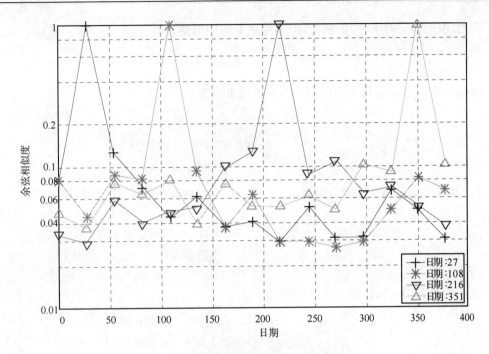

图 5-4　不同日期之间的移动用户行为相似性

式 (5-5)利用不同日期的访问相似度来平滑 UDP 多维数据集。由于可以通过利用相似日期的访问向量来计算每个访问向量,因此,$c_{u,t,l}$的值被更新为式(5-6)。而式(5-7)计算了通过平滑增强的两个用户 u 和 v 的相似度。

$$\widetilde{c}_{u,t,l} = \sum_{t'=1}^{T} \frac{\lambda_{t,t'}}{\sum\limits_{t''=1}^{T} \lambda_{t,t''}} c_{u,t',l} \tag{5-6}$$

$$\widetilde{s}_{u,v}^{(t)} = \frac{\sum\limits_{t=1}^{T}\sum\limits_{l=1}^{L} \widetilde{c}_{u,t,l} \cdot \widetilde{c}_{v,t,l}}{\sqrt{\sum\limits_{t=1}^{T}\sum\limits_{l=1}^{L} \widetilde{c}_{u,t,l}^{2}} \sqrt{\sum\limits_{t=1}^{T}\sum\limits_{l=1}^{L} \widetilde{c}_{v,t,l}^{2}}} \tag{5-7}$$

如果用户 v 在日期 t' 访问 POI l,那么用户 u 在不同日期 t 访问相同的 POI l 的时间推荐计分函数 $c_{u,t,l}^{(i)}$ 就更新为式(5-8)。

$$c_{u,t,l}^{(i)} = \frac{\sum\limits_{v} \widetilde{s}_{u,v}^{(t)} \sum\limits_{t'} \widetilde{c}_{v,t',l} \cdot \lambda_{t,t'}}{\sum\limits_{v} \widetilde{s}_{u,v}^{(t)}} \tag{5-8}$$

2. 示例

给定:令 $T=\{1,2\}, U=\{u,v\}, L=\{1,2\}$。用户 u 在 $t=1$ 时访问 POI 1;在 $t=2$ 时访问 POI 2。同样,用户 v 在 $t=1$ 时访问 POI 1,2;在 $t=2$ 时访问 POI 2。

目标:得出用户 u 在 $t=2$ 时访问 POI 1 的时间推荐分数,即计算 $c_{u,2,1}^{(i)}$

分析:可以通过展开式(5-8)得出式(5-9):

$$c_{u,2,1}^{(i)} = \frac{\widetilde{s}_{u,u}^{(t)} \cdot (\widetilde{c}_{u,1,1} \cdot \lambda_{21} + \widetilde{c}_{u,2,1} \cdot \lambda_{22}) + \widetilde{s}_{u,v}^{(t)} \cdot (\widetilde{c}_{v,1,1} \cdot \lambda_{21} + \widetilde{c}_{v,2,1} \cdot \lambda_{22})}{\widetilde{s}_{u,u}^{(t)} + \widetilde{s}_{u,v}^{(t)}} \tag{5-9}$$

因此,为了计算 $c_{u,2,1}^{(i)}$,需要先计算 $\widetilde{s}_{u,u}^{(t)}, \widetilde{s}_{u,v}^{(t)}, \widetilde{c}_{u,1,1}, \widetilde{c}_{u,2,1}, \widetilde{c}_{v,1,1}, \widetilde{c}_{v,2,1}, \lambda_{21}$ 和 λ_{22}。

首先,根据给定的条件,更新 UDP 多维数据集中的值。

$$c_{u,t,1}=\begin{bmatrix} c_{u,1,1} & c_{u,1,2} \\ c_{u,2,1} & c_{u,2,2} \end{bmatrix}=\begin{bmatrix} 1 & 0 \\ 0 & 1 \end{bmatrix} \quad c_{v,t,1}=\begin{bmatrix} c_{v,1,1} & c_{v,1,2} \\ c_{v,2,1} & c_{v,2,2} \end{bmatrix}=\begin{bmatrix} 1 & 1 \\ 0 & 1 \end{bmatrix}$$

将相应的 $c_{u,t,l}$,$c_{v,t,l}$ 代入式(5-4)后,获得以下信息:

$$s^{(u)}=\begin{bmatrix} s_{11}^{(u)} & s_{12}^{(u)} \\ s_{21}^{(u)} & s_{22}^{(u)} \end{bmatrix}=\begin{bmatrix} 1 & 0 \\ 0 & 1 \end{bmatrix} \quad s^{(v)}=\begin{bmatrix} s_{11}^{(v)} & s_{12}^{(v)} \\ (v) & (v) \\ s_{21}^{(v)} & s_{22}^{(v)} \end{bmatrix}=\begin{bmatrix} 1 & \dfrac{1}{\sqrt{2}} \\ \dfrac{1}{\sqrt{2}} & 1 \end{bmatrix}$$

以上两个矩阵的每个元素分别表示 $s_{ij}^{(u)}$ 和 $s_{ij}^{(v)}$。通过式(5-5),可以计算 λ_{ij},$i,j\in\{1,2\}$。

$$\lambda=\begin{bmatrix} \lambda_{11} & \lambda_{12} \\ \lambda_{21} & \lambda_{22} \end{bmatrix}=\begin{bmatrix} 1 & \dfrac{\sqrt{2}}{4} \\ \dfrac{\sqrt{2}}{4} & 1 \end{bmatrix}\approx\begin{bmatrix} 1 & 0.353\,553 \\ 0.353\,553 & 1 \end{bmatrix}$$

将 λ_{ij} 代入式(5-6),计算 $c_{u,t,l}$ 的新值如下。

$$\widetilde{c}_{u,t,1}=\begin{bmatrix} \widetilde{c}_{u,1,1} & \widetilde{c}_{u,1,2} \\ \widetilde{c}_{u,2,1} & \widetilde{c}_{u,2,2} \end{bmatrix}=\begin{bmatrix} 0.738\,796 & 0.261\,204 \\ 0.261\,204 & 0.738\,796 \end{bmatrix}$$

$$\widetilde{c}_{v,t,1}=\begin{bmatrix} \widetilde{c}_{v,1,1} & \widetilde{c}_{v,1,2} \\ \widetilde{c}_{v,2,1} & \widetilde{c}_{v,2,2} \end{bmatrix}=\begin{bmatrix} 0.738\,796 & 1 \\ 0.261\,204 & 1 \end{bmatrix}$$

通过等式(5-7)可以获得:

$$\widetilde{s}_{u,u}^{(t)}=\frac{\displaystyle\sum_{t=1}^{2}\sum_{l=1}^{2}\widetilde{c}_{u,t,l}\cdot\widetilde{c}_{u,t,l}}{\sqrt{\displaystyle\sum_{t=1}^{2}\sum_{l=1}^{2}\widetilde{c}_{u,t,l}^{2}}\sqrt{\displaystyle\sum_{t=1}^{2}\sum_{l=1}^{2}\widetilde{c}_{u,t,l}^{2}}}=\frac{\displaystyle\sum_{t=1}^{2}\sum_{l=1}^{2}\widetilde{c}_{u,t,l}^{2}}{\displaystyle\sum_{t=1}^{2}\sum_{l=1}^{2}\widetilde{c}_{u,t,l}^{2}}=1$$

$$\begin{aligned} \widetilde{s}_{u,v}^{(t)}&=\frac{\displaystyle\sum_{t=1}^{2}\sum_{l=1}^{2}\widetilde{c}_{u,t,l}\cdot\widetilde{c}_{v,t,l}}{\sqrt{\displaystyle\sum_{t=1}^{2}\sum_{l=1}^{2}\widetilde{c}_{u,t,l}^{2}}\sqrt{\displaystyle\sum_{t=1}^{2}\sum_{l=1}^{2}\widetilde{c}_{v,t,l}^{2}}}\\ &=\frac{\widetilde{c}_{u,1,1}\widetilde{c}_{v,1,1}+\widetilde{c}_{u,1,2}\widetilde{c}_{v,1,2}+\widetilde{c}_{u,2,1}\widetilde{c}_{v,2,1}+\widetilde{c}_{u,2,2}\widetilde{c}_{v,2,2}}{\sqrt{\widetilde{c}_{u,1,1}^{2}+\widetilde{c}_{u,1,2}^{2}+\widetilde{c}_{u,2,1}^{2}+\widetilde{c}_{u,2,2}^{2}}\sqrt{\widetilde{c}_{v,1,1}^{2}+\widetilde{c}_{v,1,2}^{2}+\widetilde{c}_{v,2,1}^{2}+\widetilde{c}_{v,2,2}^{2}}}\\ &=0.900\,832 \end{aligned}$$

到目前为止,等式(5-9)中的所有值是已知的。因此,将这些值代入等式(5-9)以获得 $c_{u,2,1}^{(i)}=0.522\,408$。

5.2.5 挖掘地理效应

在处理 POI 推荐问题时,势必要考虑地理影响。众所周知,许多事件符合正态分布。文献[25]利用高斯分布来建模用户的访问行为并表示访问停留点的归一化概率。本工作是以不同的方式利用正态分布。

由于用户倾向于访问附近的地方而不是更远的地方,因此,采用正态分布模型来描述用户访问 dist 公里远的 POI 的意愿。假设 $\mu=0$,$\sigma^{2}=1$(σ^{2} 也可以等于其他值)是正态分布的参数,因为正态分布模型可以证明一个特性,即地点越近,客户参观这个地方的意愿就越大。令 $x=\text{dist}(l_i, l_j)$,则 $x \infty N(0, \sigma^2)$。正态分布的密度函数定义为

$$\text{will}(x) = \frac{1}{\sqrt{2\pi}\sigma} \cdot \exp-\frac{x^2}{2\sigma^2}$$

如图 5-5 所示,当 $X \geqslant 0$ 时,对于不同的 σ,该函数的值单调减少。

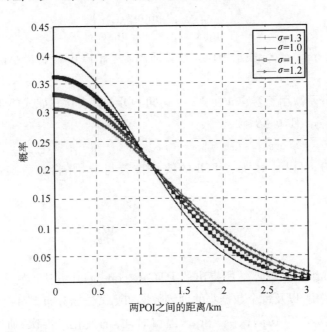

图 5-5 概率的正态分布

除了距离因素外,σ 可以看作影响人们意愿的其他因素。例如,用户有时可能会同时考虑 POI 的距离和吸引力或其他特征,但是,用户的意愿符合正态分布。假设当前有一个用户在 POI l_i,下一个要访问的 POI 是 l_j,它与 l_i 相距 $\text{dist}(l_i, l_j)$,这样用户访问 l_j 的概率与客户参观 POI 的意愿[即 $\text{dist}(l_i, l_j)$]成比例。条件概率的计算式为

$$\text{prob}(l_j \mid l_i) = \frac{\text{will}(\text{dist}(l_i, l_j))}{\sum_{l_k \in L} \text{will}(\text{dist}(l_i, l_k))} \tag{5-10}$$

式(5-10)表明,如果两个 POI 之间的距离增加,那么条件概率将减小。这表明用户不太可能访问遥远的 POI。基于贝叶斯规则,给定一个用户 u 以及他的 POI 轨迹 L_u,则向他推荐 POI l 的计分函数为

$$\begin{aligned}
c_{u,t,l}^{(g)} &= \sum_{l' \in L_u} \text{prob}(l \mid l') \\
&= \sum_{l' \in L_u} \frac{\text{will}(\text{dist}(l', l))}{\sum_{l_k \in L} \text{will}(\text{dist}(l', l_k))}
\end{aligned} \tag{5-11}$$

5.2.6 统一推荐计分函数

通过对三个评分函数[式(5-1)、式(5-8)和式(5-11)]应用线性加权,得出对一个 POI l 的统一推荐评分函数。由于这三个评分函数基于不同的度量并且彼此不同,因此在组合它

们之前,需使用最小—最大归一化对三个评分函数进行归一化。

$$\overline{c_{u,t,l}^{(p)}} = \frac{c_{t,l}^{(p)} - \min_{l'}(c_{t,l'}^{(p)})}{\max_{l'}(c_{t,l'}^{(p)}) - \min_{l'}(c_{t,l'}^{(p)})} \tag{5-12}$$

$$\overline{c_{u,t,l}^{(t)}} = \frac{c_{u,t,l}^{(t)} - \min_{l'}(c_{u,t,l'}^{(t)})}{\max_{l'}(c_{u,t,l'}^{(t)}) - \min_{l'}(c_{u,t,l'}^{(t)})} \tag{5-13}$$

$$\overline{c_{u,t,l}^{(g)}} = \frac{c_{u,t,l}^{(g)} - \min_{l'}(c_{u,t,l'}^{(g)})}{\max_{l'}(c_{u,t,l'}^{(g)}) - \min_{l'}(c_{u,t,l'}^{(g)})} \tag{5-14}$$

式中,$\min_{l'}(\cdot)$和$\max_{l'}(\cdot)$表示用户 u 在日期 t 对所有 POI 上 的最小访问得分和最大访问得分。

统一推荐评分函数用于客户 u 在日期 t 访问 POI l,其表达式如式(5-15),其中 α 和 β 是调整参数,并且 $0 \leqslant \alpha \leqslant 1, 0 \leqslant \beta \leqslant 1$。

$$\text{Score}_{u,t,l} = \alpha * \overline{c_{u,t,l}^{(p)}} + \beta * \overline{c_{u,t,l}^{(t)}} + (1-\alpha-\beta) * \overline{c_{u,t,l}^{(g)}} \tag{5-15}$$

根据式(5-15),可以计算所有 POI 的统一推荐得分,并将分数最高的 POI 返回给用户。

5.3　实　　验

下面进行了几组实验以评估所提出的 PTG-Recommend 方法。首先介绍在实验中使用的两个轨迹数据集、以及每个数据集的训练数据和测试数据分布。其次,在预处理步骤中研究停留点数量以及 T(访问次数)和 t_ε(停留时间)的变化。再次,研究了 SEM-DTBJ-Cluster 算法提取语义 POI 的性能。最后,分别评估受欢迎度推荐法、时间效应推荐法、地理效应推荐法以及最终的统一 POI 推荐方法的准确率和召回率。

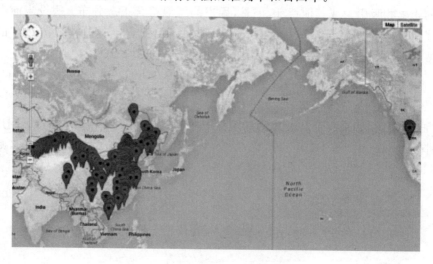

图 5-6　Geolife 轨迹数据集中的停留点分布

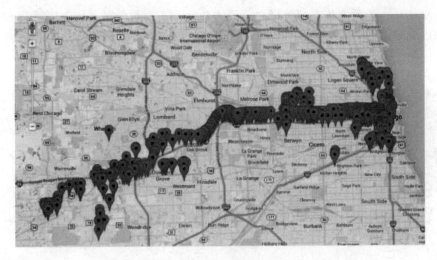

图 5-7　Illinois 轨迹数据集中的停留点分布

5.3.1　实验设置

本章使用的数据集是两个真实世界的轨迹数据集：Geolife Trajectories 1.3[①] 和 Illinois 真实轨迹数据集[②]。这两个数据集的停留点分布如图 5-6 和图 5-7 所示。表 5-1 所示的是这两个数据集的统计信息。

表 5-1　有关 Geolife 轨迹数据集和 Illinois 轨迹数据集的信息（经过预处理）

Dataset	# Check-ins	# Users	# Trajectories	# Nodes
Geolife	24 876 978	182	17 621	22 276 521
Illinois	357 786	2	124	313 239

1. Geolife 轨迹数据集

Geolife 轨迹数据集是由 Microsoft Research Asia 的 182 位用户通过五年以上的时间（从 2007 年 4 月—2012 年 8 月）采集、使用了不同的 GPS 记录器和 GPS 电话以密集的形式记录的。此外，这些轨迹的采样率各不相同。该数据集中包含 17 621 条轨迹，总持续时间超过 48 000 h，总距离约为 120 万 km。使用点序列来表示每个 GPS 轨迹。这些点包含纬度、经度、高度和时间戳等信息。Geolife 数据集最初包含 24 876 978 个地理点。选择前 130 个用户收集的点作为训练数据，总共包含 18 516 628 点，其余 52 个用户收集的点作为测试数据，其分布如图 5-8(a) 和 (b) 所示。

2. Illinois 轨迹数据集

Illinois 轨迹数据集是由芝加哥伊利诺伊大学的数据库和移动计算实验室的两名成员于 2006 年收集的。每条轨迹记录了围绕伊利诺伊的 Dupage 县和 Cook 县的连续行程。轨迹中每条记录（每秒采样一次）都包含纬度、经度、时间戳和 (x 投影, y 投影)，它们是由 NAD 1983 HARN StatePlane Illinois East 把 (纬度，经度) 投影得到的坐标，包含在 ESRI

---

① http://research.microsoft.com/en-us/downloads/b16d359d-d164-469e-9fd4-daa38f2b2e13/.

② http://www.cs.uic.edu/%7Eboxu/mp2p/gps%5Fdata.html.

ArcView 3.1 中。该数据集在预处理之前原本包含 357 786 个点。从中选择前 87 条轨迹的数据作为训练数据，其余轨迹的数据作为测试数据，其分布如图 5-8(c)和(d)所示。

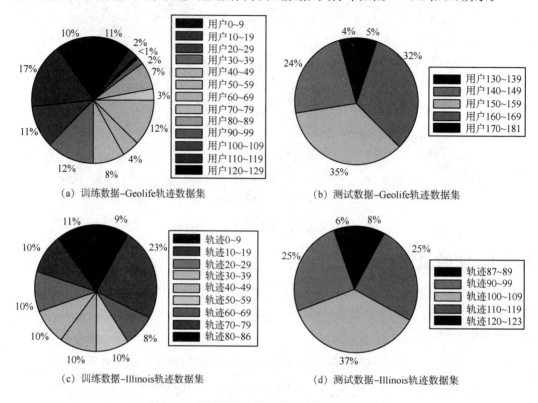

（a）训练数据–Geolife轨迹数据集 （b）测试数据–Geolife轨迹数据集

（c）训练数据–Illinois轨迹数据集 （d）测试数据–Illinois轨迹数据集

图 5-8　训练数据和测试数据在用户中的分布

5.3.2　预处理

在预处理步骤中，根据 T（访问次数）和 t_ε（停留时间）条件评估合格停留点的数量，如图 5-9和图 5-10 所示。

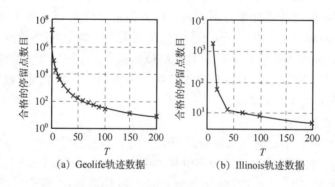

（a）Geolife轨迹数据　　（b）Illinois轨迹数据

图 5-9　T 与停留点数的关系（t_ε＝3）

在图 5-9 所示的场景中，停留时间 t_ε 设置为 3 s；在图 5-10 所示的场景中，访问次数 T 对于 Geolife 轨迹数据集设置为 10，对于 Illinois 轨迹数据集设置为 2。从图 5-9 和图 5-10 所示可以看出，随着 T 或 t_ε 的增加，更多的点已被滤除。例如，对于 Geolife 轨迹数据集，当

$t_\varepsilon = 3$ s 且 $T = 3$ 次时,在滤除不合格点之后,剩下了 107 335 个停留点,而当 $t_\varepsilon = 3$ s 且 $T = 10$ 次时,滤除了不合格的点之后,剩余 5113 点。对于 Illinois 轨迹数据集,当 $t_\varepsilon = 3$ s, $T = 1$ 时,有 1811 个停留点合格;当 $T = 2$, $t_\varepsilon = 3$ s 时,有 60 个停留点是合格的。

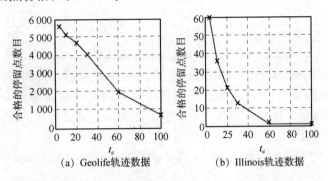

图 5-10 t_ε 与停留点数的关系[(a)$T = 10$;(b)$T = 2$]

5.3.3 DTBJ-Cluster 与 DJ-Cluster 的比较

将 DTBJ-Cluster 算法与现有的 DJ-Cluster 算法进行了比较。表 5-2 和表 5-3 报告了 Geolife 轨迹数据集和 Illinois 轨迹数据集的结果。表 5-2 给出了 Geolife 数据集上的聚类数,作为参数 MinPtsOfJ 的函数,其中 MinPtsOfJ 分别从 2 变化到 4、6、8。在表 5-2 中,ε 分别设置为 1 km 和 2 km,MinPts 分别设置为 3、4 和 5。在表 5-3 中,ε 从 20 m 到 30 m 和 40 m 不等,MinPts 从 3 变化到 4 和 5,以及 MinPtsOfJ 从 2 变化至 4、6 和 8,观察到无论 MinPtsOfJ 怎样变化,只要 MinPts 保持不变,使用 DJ-Cluster 的集群数量就保持不变,而只要 MinPtsOfJ 的值发生变化,则使用 DTBJ-Cluster 的集群数就会发生变化。

表 5-2 在 Geolife 轨迹数据集上,关于不同聚类算法和各种参数

(例如 ε, MinPts 和 MinPtsOfJ)的聚类数目($T = 6$ 次,$t_\varepsilon = 6$ s)

		DJ-Cluster						DTBJ-Cluster					
t/km		20			30			20			30		
MinPts		3	4	5	3	4	5	3	4	5	3	4	5
# Clusters (without semantics)	MinPtsOfJ=2	356	309	272	271	235	209	394	336	297	294	253	226
	MinPtsOfJ=4	356	309	272	271	235	209	432	369	324	319	276	240
	MinPtsOfJ=6	356	309	272	271	235	209	475	414	371	330	286	250
	MinPtsOfJ=8	356	309	272	271	235	209	510	452	410	344	300	265

表 5-3 Illinois 轨迹数据集上与不同聚类算法和各种参数

(例如 ε, MinPts 和 MinPtsOfJ)有关的聚类数目($T = 1$ 次,$t_\varepsilon = 1$ s)。

		DJ-Cluster						DTBJ-Cluster					
ε(metres)		20			30			20			30		
MinPts		3	4	5	3	4	5	3	4	5	3	4	5
# Clusters (without semantics)	MinPtsOfJ=2	166	112	87	165	116	95	186	121	92	173	120	99
	MinPtsOfJ=4	166	112	87	165	116	95	217	147	111	207	149	112
	MinPtsOfJ=6	166	112	87	165	116	95	236	166	129	218	160	124
	MinPtsOfJ=8	166	112	87	165	116	95	248	178	141	229	171	135

表 5-4　Geolife 轨迹数据集上的 SEM-DTBJ-Cluster 和 DJ-Cluster 比较 $\varepsilon=1$ km MinPts=3,MinPtsOfJ=2

	# Samples	Entropy	Purity	NMI	# Final Clusters
DJ-Cluster		0.4598	0.8686	0.6512	356
SEM-DTBJ-Cluster	2	0.4305	0.8743	0.6568	400
	3	0.3694	0.8852	0.6745	416
	4	0.3528	0.9190	0.6758	453
	5	0.3302	0.9305	0.6780	489

讨论：仅从 DTBJ-Cluster 和 DJ-Cluster 的比较结果来看，DTBJ-Cluster 算法比 DJ-Cluster 生成更多的聚类（POI），因为只有当两个聚类的交集包含多于 MinPtsOfJ 公共点时，DTBJ-Cluster 将两个集群合并为一个集群。这实际上是更合理的，因为 DTBJ-Cluster 从更细的粒度上考虑 POI。

为了研究提出的 SEM-DTBJ-Cluster 算法的性能，在表 5-4 和表 5-5 中给出了度量标准和结果。

度量：采用三种广泛使用的度量，即纯度[114]、熵和归一化互信息（NMI）[84]，以研究聚类算法的性能。熵较小，纯度较大或 NMI 较大的算法表明它是一种较好的聚类算法。

可以发现，就两个数据集的所有三个指标而言，SEM-DTBJ-Cluster 均优于 DJ-Cluster。这些结果表明，DTBJ-Cluster 算法以及基于聚类的语义的拆分和合并步骤使 SEM-DTBJ-Cluster 有效。

表 5-5　Illinois 轨迹数据集上的 SEM-DTBJ-Cluster 和 DJ-Cluster 比较（$\varepsilon=30$ m,MinPts=4,MinPtsOfJ=2）

	# Samples	Entropy	Purity	NMI	# Final Clusters
DJ-Cluster		0.4501	0.8702	0.6437	116
SEM-DTBJ-Cluster	2	0.4356	0.8796	0.6599	130
	3	0.3769	0.8876	0.6731	158
	4	0.3501	0.9257	0.6756	164
	5	0.3285	0.9286	0.6769	185

5.3.4　PTG-Recommend 推荐框架的性能评估

分别评估利用受欢迎度影响的推荐方法、运用时间影响的推荐方法、运用地理影响的推荐方法以及最终的统一推荐框架。下面首先介绍性能评估的指标，然后阐述所提出方法的性能。

1. 评估指标

为了研究提出的方法的有效性，采用准确率和召回率两个指标作为实验评估的主要指标。

（1）准确率。定义为 $P=\mathrm{TP}/(\mathrm{TP}+\mathrm{FP})$，用于测量前 N 个推荐的 POI 中有多少个正确的推荐。

（2）召回率。$R=\mathrm{TP}/(\mathrm{TP}+\mathrm{FN})$，用于测量正确的推荐在所有应该被推荐的 POI 个数的占比。

TP 和 FP 分别表示正确推荐和错误推荐的数量；而 FN 代表错误的否定推荐，即应该位于前 N 个推荐中，但实际上却不在其中的 POI 数量。

与文献[137]相似，对于用户 u 和日期 t，在测试数据中，让 $R_{u,t}$ 和 $T_{u,t}$ 分别表示推荐的 POI 集合和对应的所有真正应当被推荐的 POI 集合。将这两组 POI 分为三类，得到以下三个值：$\mathrm{TP}_{u,t}$，$\mathrm{FN}_{u,t}$ 和 $\mathrm{FP}_{u,t}$。

(1)$\mathrm{TP}_{u,t}$:既属于 $T_{u,t}$ 也属于 $R_{u,t}$ 的 POI 数量。

(2)$\mathrm{FN}_{u,t}$:属于 $T_{u,t}$ 但不属于 $R_{u,t}$ 的 POI 数量。

(2)$\mathrm{FP}_{u,t}$:属于 $R_{u,t}$ 但不属于 $T_{u,t}$ 的 POI 数量。

在考虑了时隙(日期)t 之后,准确率和召回率的计算式为

$$\text{precision}(t) = \frac{\sum\limits_{u' \in U} \mathrm{TP}_{u',t}}{\sum\limits_{u' \in U}(\mathrm{TP}_{u',t} + \mathrm{FP}_{u',t})} \tag{5-16}$$

$$\text{recall}(t) = \frac{\sum\limits_{u' \in U} \mathrm{TP}_{u',t}}{\sum\limits_{u' \in U}(\mathrm{TP}_{u',t} + \mathrm{TN}_{u',t})} \tag{5-17}$$

平均准确率和平均召回率可以通过以下公式计算,其中 t 表示每个日期:

$$\text{precision} = \frac{1}{T}\sum_{t \in T}\text{precision}(t) \tag{5-18}$$

$$\text{recall} = \frac{1}{T}\sum_{t \in T}\text{recall}(t) \tag{5-19}$$

2. 利用受欢迎度的推荐方法

类似地,将本章提出的利用受欢迎度影响的方法简称为 UP,将文献[132]提出的利用语义影响的最新方法简称为 P。在图 5-11 所示中,通过描述准确率和召回率来衡量这两种方法的性能。观察到,就精度和查全率而言,UP 的推荐精度远高于 P。此外,使用 UP 方法的准确率和召回率可扩展到各种 N 值。这清楚地说明了本章提出的方法是有效的。

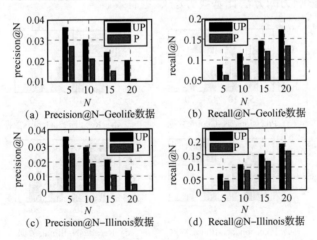

(a) Precision@N-Geolife数据 (b) Recall@N-Geolife数据

(c) Precision@N-Illinois数据 (d) Recall@N-Illinois数据

图 5-11 利用受欢迎度的方法的性能

3. 利用时间效应的推荐方法

为了方便起见,把所提的利用时间影响的方法简称为 UT,令 BU 表示基于用户的基准协同过滤方法。比较了 UT 和 BU 在 Geolife 数据集和 Illinois 数据集上的有效性。图 5-12 描述了 UT 和 BU 的准确率和召回率。观察到施加时间影响的 UT 优于 BU。在准确度方面,在 Geolife 数据集或 Illinois 数据集上,UT 平均比 BU 高出 20%～30%。这些结果表明,时间因素对于 POI 推荐至关重要。在所有实验中,就数据集上的各种 N 值而言,UT 执

行始终优于 BU。这种优异的性能是因为 UT 不仅考虑了时间影响，而且还通过进一步平滑增强的步骤解决了数据稀疏性问题。

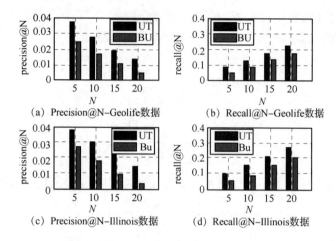

图 5-12　应用时间影响方法 UT 与基线协同过滤方法 BU 的比较

4. 利用地理影响的推荐方法

为了将利用地理影响的推荐方法（简称为 UG）与文献［129］提出的基线方法（表示为 G）进行比较，绘制了如图 5-13 所示中的 UG 和 G 的准确率和召回率，并将其分别作为前 N 个推荐的 POI 的函数。观察到，就准确率和召回率而言，UG 在 Geolife 数据集或 Illinois 数据集上的性能均优于 G。同时，UG 的准确率和召回率可扩展到不同的 N 值。这些结果表明，我们利用地理影响力的方法比基线方法 G 更有效。

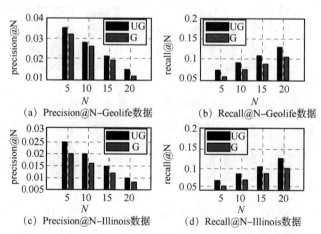

图 5-13　利用地理影响的方法比较

5. 统一推荐框架

对于统一推荐框架 PTG-Recommend，使用两个参数 α 和 β 来调整公式中这三个部分的权重。我们分别调整 α 和 β，并针对不同的 α 和 β 绘制平均准确率和平均召回率。如图 5-14 所示，将 β 设置为固定值，即 $\beta=0.2$。在 Geolife 数据集和 Illinois 数据集上，通过设置 $\alpha=0.4$ 和 $\alpha=0.6$ 可以实现最佳准确率和召回率。同样，在图 5-15 所示中设置 $\alpha=0.4$，在 Geolife 数据集和 Illinois 数据集上，β 分别设为 0.2 和 0.4，可以实现最佳精度和召回率。

随后将 PTG-Recommend 与以上三种方法进行比较。在不失一般性的前提下,分别为 Geolife 数据集和 Illinois 数据集分别设置 $\alpha=0.4$、$\beta=0.2$ 和 $\beta=0.4$。如图 5-16 所示,PTG-recommend 在精度和召回率方面实现了最佳性能。结果表明,我们的框架充分利用了语义,受欢迎度、时间和地理影响,并且在有效性方面优于文献中的最佳方法。

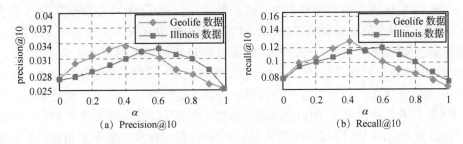

图 5-14 调整参数 α

关于准确率和召回率的讨论。请注意,图 5-14 和图 5-15 所示中显示的准确率和召回率有点低,是为了比较不同方法的相对性能。实际上,推荐的 POI 可能对用户来说很有趣,但它不会出现在测试数据中。因此,换句话说,真实的精度/召回率实际上比图中给出的更高。几乎所有推荐问题都具有类似的评估问题。

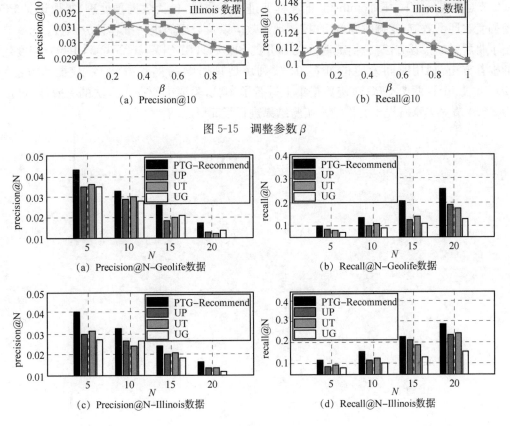

图 5-16 统一推荐框架的性能

5.4　结　　论

本章提出了一个基于语义的受欢迎度—时间—地理推荐框架，即 PTG-Recommend，用于从用户的 GPS 轨迹向用户推荐 POI。该框架首先设计了 SEM-DTBJ-Cluster 算法——一种新颖的语义增强的功能聚类算法，从 GPS 数据中提取具有语义信息的 POI。然后，该框架将受欢迎度的影响、时间特征的影响以及每个 POI 的地理特征的影响考虑在内，分别得出受欢迎度的评分函数、时间评分函数和地理评分函数。最后，该框架将上述三个评分函数结合在一起，获得为用户推荐每个 POI 的统一的计分函数。本章的框架是第一个统一利用了 GPS 轨迹的受欢迎度、时间信息和地理信息来推荐 POI 的框架。本章进行实验以分别评估所提出的方法，实验结果表明，PTG-Recommend 框架在推荐准确率和召回率方面比基线方法高出 20%～30%。

5.5　本　章　小　结

本章对基于 GPS 轨迹进行 POI 推荐的问题及解决方案进行了阐述。5.1 节给出了基于 GPS 轨迹推荐兴趣点问题的相关定义以及所提的 PTG-Recommend 推荐框架的概述。5.2 节对所提的 PTG-Recommend 推荐框架进行了详述，包括数据预处理、提取语义 POI、挖掘受欢迎度效应、挖掘时间效应、挖掘地理效应以及最后的统一推荐计分函数。5.3 节介绍了将所提的推荐方法（包括提取语义 POI 的 SEM-DTBJ-Cluster 算法、利用受欢迎度效应的推荐方法、利用时间效应的推荐方法、利用地理影响的推荐方法、统一推荐方法）在 Geolife、Illinois 两个 GPS 轨迹数据集上进行了实验，验证了所提出方法的有效性、可扩展性。5.4 节对本章所提出的模型及实验结果进行了简要总结。

第6章 时间相关道路网络中成本最优的路径查找

如第1章与第2章所述,道路网络的路径查找问题也是一个重要的基于位置的服务。本章解决了时间相关的道路网络中的成本最优的路径查找(COTER)问题。

6.1 问 题 表 述

6.1.1 问题设置和定义

定义1 时间相关道路网络:随时间变化的道路网络 $G_T=(V,E,L,W,C,F)$,其中 $V=\{n_i\}$ 表示节点集,$E\subseteq V\times V$ 表示边集,L 是边的长度集合,以及 W,C 和 F 是三组时间相关函数。每条边 $e=(n_i,n_j)\in E$ 具有四个函数:长度 $\text{len}(e)\in L$,行驶时间函数 $w_{i,j}(T,v)\in W$,燃料消耗 $c_{i,j}(T,v)\in C$,以及通行费函数 $f_{i,j}(T)\in F$,其中时间变量 T 表示从 n_i 出发的时间。注意,边的长度是与时间无关的固定值。$w_{i,j}(T,v)$ 指如果在时刻 T 离开节点 n_i 且以速度 v 行驶的话,行驶通过边 (n_i,n_j) 需要多少时间。$c_{i,j}(T,v)$ 指如果在时刻 T 从 n_i 出发且以速度 v 行驶的话,穿越 (n_i,n_j) 所需的燃料成本。注意,v 指的是由每个时间间隔的平均速度组成的一个行向量。$f_{i,j}(T)$ 指在时刻 T 离开 n_i 时通过 (n_i,n_j) 要花费多少通行费。

假设 $w_{i,j}(T,v)\geqslant 0$,$c_{i,j}(T,v)\geqslant 0$,且 $f_{i,j}(T)\geqslant 0$。在 G_T 中,对于每个边 (n_i,n_j),$w_{i,j}(T,v)$,$c_{i,j}(T,v)$ 和 $f_{i,j}(T)$ 都取决于出发时间 T。

定义2 时间相关最大速度:边 e 的随时间变化的最大速度 $v_{\max}(e,t)$ 是时间 $t\in(I_0,I_p]$ 的分段常数函数,其中 p 表示分段时间间隔的数量,正式定义为

$$v_{\max}(e,t)=\begin{cases} v_0; & t\in(I_0,I_1] \\ v_1; & t\in(I_1,I_2] \\ \vdots & \\ v_{p-1}; & t\in(I_{p-1},I_p] \end{cases} \tag{6-1}$$

式中,v_i 表示在时间间隔 $(I_i,I_{i+1}]$,$i\in[0,p-1]$ 中边 e 上允许的最大速度。

注意,时间段 t 与出发时间 T 不同,$v_{\max}(e,t)$ 给出了不同时间段的边 e 上的速度上限。假设在所有边中,$v_{\max}(e,t)$ 的最大值和最小值分别为 130 km/h(表示为 $v_{\max}$)和 40 km/h(表示为 $v_{\min}$)。

定义3 等待时间:在某些节点上允许一些等待时间(用非负整数衡量)。令 $\gamma(n_i)$ 表示节点 n_i 的等待时间。令 V_w 和 V_{nw} 分别表示允许等待的节点集和不允许等待的节点集($V_w\bigcap V_{nw}=\varnothing$ 和 $V_w\bigcup V_{nw}=V$)。

如果 $n_i\in V_w$,就表明在节点 n_i 处允许等待,这意味着 $\gamma(n_i)\geqslant 0$,同时 $\gamma(n_i)\in N$,其中,

N 表示不小于 0 的整数集合；否则，如果 $n_i \in V_{nw}$，就表明不允许在 n_i 处等待，即 $\gamma(n_i)$ 严格等于 0。

定义 4　到达（离开）时间：节点 n_i 的到达时间和 n_i 的离开时间分别用 $\mathrm{Arr}(n_i)$ 和 $\mathrm{Dep}(n_i)$ 表示，则有以下公式：

$$\mathrm{Dep}(n_i) = \mathrm{Arr}(n_i) + \gamma(n_i)$$

令 $R = n_1 \rightarrow n_2 \rightarrow \cdots \rightarrow n_h$ 是给定的路线。从 n_1 出发的最早时间是 t_d，有

$$\mathrm{Arr}(n_1) = t_d$$

$$\vdots$$

$$\mathrm{Dep}(n_{h-1}) = \mathrm{Arr}(n_{h-1}) + \gamma(n_{h-1})$$

$$\mathrm{Arr}(n_h) = \mathrm{Dep}(n_{h-1}) + w_{h-1,h}(\mathrm{Dep}(n_{h-1}))$$

定义 5　（行驶）成本：一条路线的成本是指该路线的费用（燃油费用加过路费）。给定路径 $R = n_1 \rightarrow n_2 \rightarrow \cdots \rightarrow n_h$，对于任何节点 $n_i \in R$，令 $\mathrm{cost}_R(n_i)$ 表示通过路径 R 从 n_1 到 n_i 的成本。$\mathrm{cost}_R(n_i)$ 如下：

$$\mathrm{cost}_R(n_1) = 0$$

$$\mathrm{cost}_R(n_h) = \sum_{i=1}^{h-1} \left[f_{i,i+1}(\mathrm{Dep}(n_i)) + c_{i,i+1}(\mathrm{Dep}(n_i)) \right]$$

式中，$f_{i,i+1}(\mathrm{Dep}(n_i))$ 表示在时间 $\mathrm{Dep}(n_i)$ 离开 n_i 时边 (n_i, n_{i+1}) 的通行费，而 $c_{i,i+1}(\mathrm{Dep}(n_i))$ 表示如果在时间 $\mathrm{Dep}(n_i)$ 离开 n_i 时通过边 (n_i, n_{i+1}) 的燃油费。路线 R 的成本定义为 $\mathrm{cost}(R) = \mathrm{cost}_R(n_h)$。令 $c(R)$ 和 $f(R)$ 表示 R 的燃料费以及通行费，则 $\mathrm{cost}(R) = c(R) + f(R)$。

定义 6　COTER（成本最优时间相关路径查找）：给定随时间变化的道路网络 G_T，起始节点 n_s，结束节点 n_e，最早的出发时间戳 t_d 和最晚的到达时间戳 t_a，COTER 查询表示为 $\langle G_T, n_s, n_e, t_d, t_a \rangle$，旨在找到成本最优路线 R，满足

$$R = \mathrm{argmin}_R \, \mathrm{cost}(R)$$

$$\text{subject to} \qquad \mathrm{Dep}(n_s) \geqslant t_d$$

$$\mathrm{Arr}(n_e) \leqslant t_a$$

$$\gamma(n_i) = 0, \text{ for each } n_i \in V_{nw}$$

$$\gamma(n_j) \in N, \text{ for each } n_j \in V_w$$

$$v(e,t) \leqslant v_{max}(e,t), \text{where } t \in [t_d, t_a] \text{for any } e \in R$$

COTER 查询一条以 n_s 为起点，以 n_e 为终点的路线 R，这样 R 会在：

（1）时间约束下将 $\mathrm{cost}(R)$ 最小化：$(\mathrm{Dep}(n_s) \geqslant t_d) \wedge (\mathrm{Arr}(n_e) \leqslant t_a) \wedge (\gamma(n_i) = 0 \text{ for } n_i \in V_{nw}) \wedge (\gamma(n_j) \in N \text{ for } n_j \in V_w)$；

（2）速度约束：每个时间间隔内每个边 $e \in R$ 上的平均速度 $v(e,t)$ 应不大于每个相应时间间隔内允许的最大速度。

定理 6.1　COTER 查询的问题是 NP-hard 的。

证明：从文献[86]中可知，即使对于一种资源，资源受限的最短路径问题（表示为 CSP）也是 NP 完全的。CSP 要求遵循一组资源约束条件来计算成本最低的路径。COTER 问题可以看作 NP-hard 的 CSP 的扩展。COTER 问题具有以下三种约束：

（1）旅行时间预算约束；

(2)速度约束；

(3)等待时间的约束。

如果不考虑速度约束和等待时间约束,解决 COTER 的问题将变成只有一个资源约束的 CSP。

定义 7　可行的到达时间区间：节点 n_i 的可行到达时间区间是在满足 $Dep(n_s) \geqslant t_d$ 且 $Arr(n_e) \leqslant t_a$ 条件下,可能到达节点 n_i 的时间区间。令 λ_i 表示在时刻 t_d 或之后离开 n_s 的情况下最早可能到达节点 n_i 的时刻;而 θ_i 表示如果用户希望在时刻 t_a 之前或时刻 t_a 到达目的地节点 n_e 所要求的最晚到达节点 n_i 的时间。那么 n_i 的可行到达时间区间为 $[\lambda_i, \theta_i]$。

定义 8　候选节点：候选节点是指其可行到达时间区间 $[\lambda_i, \theta_i]$ 包含于整个时间间隔 $[t_d, t_a]$ 之内的节点 n_i。因为只有这些节点才满足：在给定的时间约束下能从 n_s 出发到达它们而且可以通过它们到达 n_e。

本章所用符号及其含义,如表 6-1 所示。

表 6-1　符号

符号	意义
G_T	与时间有关的道路网络 $G_T = (V, E, L, W, C, F)$,其中 V 是 G_T 中所有节点的集合;E 是 G_T 中的边集;L 是边长度的集合;W 是遍历每个边的行进时间的集合;C 是遍历每个边的油耗的集合;F 是遍历每个边沿的通行费成本的集合
$V_w; V_{nw}$	允许等待的节点集;不允许等待的节点集
$n_s; n_e$	源节点,目标节点
$t_d; t_a$	最早从 n_s 出发的时间;到达 n_e 的最晚时间
$w_{i,j}(T, v)$	当出发时刻为 T,以速度 v 行驶时,边 (n_i, n_j) 所需的行进的时间
$c_{i,j}(T, v)$	当在 T 时刻出发,以速度 v 行驶时,边 (n_i, n_j) 消耗的燃料成本
$v_{max}(e, t)$	在时间 t 边 e 上允许的最大速度
p	在时间 t 的 $v_{max}(e, t)$ 段数
l	$f_{ij}(T)$ 的段数
v_i	在时间间隔 (I_i, I_{i+1}) 内允许的最大速度,$i \in [0, p-1]$
t	一条边上的行进时间的列向量,见公式(6-6)
T	一条边上的出发时间的列向量,见公式(6-7)
v	一条边上的出发时间的列向量,见公式(6-8)
v_{max}	每边允许的最大速度上限:130 km/h
v_{min}	每边允许的最大速度的下限:40 km/h
avglen	G_T 中边的平均长度
$\gamma(n_i)$	n_i 的等待时间
$\lambda_i; \theta_i$	最早到达节点 n_i 的时间;节点 n_i 的最晚到达时间
$N^-(n_i)$ $N^+(n_i)$	n_i 的传入邻居节点集合;n_i 的传出邻居节点的集合
$opt_{j \to i}(t)$	如果通过边 (n_j, n_i) 在 t 时刻到达 n_i 的最优(最小)成本
$opt_i(t)$	n_i 的最优成本函数(一个四元组 <val, pre, q, precost>)
t_e	对于 $t \in [\lambda_e, t_a]$,可以最小化 $opt_e(t).val$ 的最小时间戳

6.1.2 油耗和行驶时间函数

边(n_i, n_j)上的油耗和行驶时间取决于从节点n_i出发的时间T和行驶速度。

1. 油耗模型

根据先前的研究[51],SIDRA-Avg模型仅可用于城市道路网络,并且平均行驶速度应低于特定阈值v^*(通常$v^*=50$km/h)。当平均速度超过v^*时,应改用SIDRA-Running模型。

(1)SIDRA-Avg:SIDRA-Avg模型的每单位距离的油耗$f_a(v_s)$(mL/km)定义如下:

$$f_a(v_s) = \frac{1600}{v_s} + 73.8 \tag{6-2}$$

式中,v_s是平均行驶速度(km/h)。

(2)SIDRA-Running:SIDRA-Running模式下的油耗F_s(mL)估算为

$$F_s = F_{idle} + f_r(v_r) \cdot x_s \tag{6-3}$$

式中,$F_{idle} = 0.444 t_{idle}$是空闲期间的油耗;$f_r(v_r)$(mL/km)表示不包括空闲期间的每单位距离的平均油耗,其计算方法为

$$f_r(v_r) = \frac{1600}{v_r} + 30 + 0.0075 v_r^2 + 108 k_{E1} E_{k+} + 54 k_{E2} E_{K+}^2 + 10.6 k_G \theta \tag{6-4}$$

式中,v_r是平均行驶速度(km/h);x_s(km)是总行驶距离;$\theta(\%)$是道路坡度;E_{k+}是由于速度波动引起的边际燃料消耗;k_{E1}、k_{E2}和k_G是校准参数。

令$len(e)$表示边$e=(n_i, n_j)$的长度。假设燃料价格为a_5元/mL(在实验中,将a_5设置为0.00054155),边e的平均速度为$\bar{v}$,那么可得出边e的油耗成本$c_{i,j}(n_i, n_j)$为

$$c_{i,j} = \begin{cases} f_a(\bar{v}) len(e) \cdot a_5, & \bar{v} < v^* \\ (f_r(\bar{v}) len(e) + F_{idle}) a_5, & \bar{v} \geq v^* \end{cases} \tag{6-5}$$

计算$c_{i,j}$的导数如下:

①$\bar{v} < v^*$

$$\frac{d(c_{i,j})}{d\bar{v}} = len(e) \cdot a_5 \cdot \left(-\frac{1600}{\bar{v}^2} \right) < 0$$

因此,当$v < v^*$km/h时,平均速度$\bar{v}$越大,消耗的燃料成本越少。

②$\bar{v} \geq v^*$。

$$\frac{d(c_{i,j})}{d\bar{v}} = len(e) a_5 \left(-\frac{1600}{\bar{v}^2} + 2 \times 0.0075 \bar{v} \right)$$

当$v > 47.43$时,可以发现$\frac{d(c_{i,j})}{d\bar{v}} > 0$。因此,当$\bar{v} \geq v^*$时,平均速度$\bar{v}$越小,燃料消耗越少,在$v \geq v^* = 50$km/h时,最小燃料消耗可通过设置$v = v^*$来实现。

为了使燃料消耗最小,公式(6-5)中的平均速度$\bar{v}$应该是

$$\bar{v} = \begin{cases} v^*; & \text{if } v_{max}(e, t) \geq v^* \\ v_{max}(e, t); & \text{if } v_{max}(e, t) < v^* \end{cases}$$

2. 在行程时间固定的情况下,每条边的燃料成本最小化

对于边 $e=(n_i,n_j)$,其最大速度函数 $v_{max}(e,t)$ 表示为公式(6-1)。假设从节点 n_i 出发的时间 T 处于第 k 个时间间隔内,即 $T\in(I_k,I_{k+1}]$,其中 $0\leq k\leq p-1$,如果 e 上的行程时间为 w,那么到达 n_j 的时间应该是 $T+w$。假设 $T+w$ 处于第 m 个时间间隔内,即 $T+w\in(I_m,I_{m+1}]$,则 $k\leq m\leq p-1$,因此则有:

(1)整个边 e 被分为 $(m-k+1)$ 个线段;

(2)在该边上的行驶时间 w 被分为 $(m-k+1)$ 个部分,每个部分在公式(6-6)中表示为列向量 t 的每个元素;

(3)t 的每个时间间隔的对应出发时间在公式(6-7)中表示为列向量 T 的每个元素;

(4)每个时间间隔的对应平均速度表示为公式(6-8)中行向量 v 的每个元素。

从等式(6-6)和等式(6-7),可以看到:

(1)如果 $m=k$,则出发时间 T 和到达时间 $T+w$ 都落在同一时间间隔内 $(I_k,I_{k+1}]$,因此有 $I_k\leq T\leq T+w\leq I_{k+1}$ 落在同一个时间间隔,行进时间为 w;

(2)如果 $m=k+1$,则有 $I_k\leq T\leq I_{k+1}\leq T+w\leq I_{m+1}$,因此行进时间分为两个时间间隔:$[T,I_{k+1}]$ 和 $(I_{k+1},T+w]$,这两个时间间隔的相应出发时间分别是 T 和 I_{k+1}。

(3)如果 $m>k+1$,则 $I_k\leq T\leq I_{k+1}\leq\cdots\leq I_m\leq T+w\leq I_{m+1}$,因此行进时间分为 $(m-k+1)$ 个时间间隔。$(m-k+1)$ 个时间间隔的相应出发时间分别为 $T,I_{k+1},\cdots,I_m$。

$$t=\begin{cases}[w] & \text{if } m=k\\ [I_{k+1}-T,T+w-I_{k+1}]^T & \text{if } m=k+1\\ [I_{k+1}-T,I_{k+2}-I_{k+1},\cdots,T+w-I_m]^T & \text{if } m>k+1\end{cases} \quad (6\text{-}6)$$

$$T=\begin{cases}[T] & \text{if } m=k\\ [T,I_{k+1}]^T & \text{if } m=k+1\\ [T,I_{k+1},\cdots,I_m]^T & \text{if } m>k+1\end{cases} \quad (6\text{-}7)$$

$$v=\begin{cases}[\bar v_k] & \text{if } m=k\\ [\bar v_k,\bar v_{k+1}] & \text{if } m=k+1\\ [\bar v_k,\bar v_{k+1},\cdots,\bar v_m] & \text{if } m>k+1\end{cases} \quad (6\text{-}8)$$

式中,$\bar v_i(k\leq i\leq m)$ 指的是时间间隔 $(I_i,I_{i+1}]$ 在边缘 e 上的平均速度;且 $\bar v_i\leq v_{max}(e,(I_i,I_{i+1}])$。

同时,边 e 被分成 $(m-k+1)$ 个段。每个段的长度等于每个时间间隔内相应的平均速度乘以相应的行进时间。

$$len(e)=len_1+\cdots+len_{m-k+1}=v\cdot t$$

然后,利用出发时间 T 和行驶时间 w,将边 e 的油耗成本 $c_{i,j}(T,v)$ 可根据公式(6-9)计算为

$$c_{i,j}(T,v)=\sum_{n=1}^{m-k+1}c_n(T_{n,1},v_{1,n}) \quad (6\text{-}9)$$

式中,任意 $n\in[1,m-k+1]$:

$$c_n(T_{n,1}, v_{1,n}) = \begin{cases} f_a(v_{1,n})(v_{1,n}t_{n,1})a_5, & v_{1,n} < 50 \\ (f_r(v_{1,n})(v_{1,n}t_{n,1}) + F_i)a_5, & v_{1,n} \geqslant 50 \end{cases} \tag{6-10}$$

式中，$T_{n,1}$ 和 $t_{n,1}$ 指的是 T 和 t 的第 n 行第 1 列中的元素；$v_{1,n}$ 指 v 的第一行第 n 列中的元素。

为了在行驶时间恰好为 w 的约束下使油耗成本最小化，将此非线性规划优化问题表述为

$$\min_v c_{i,j}(T, v)$$
$$\text{使得} \quad w_{i,j}(T, v) = w$$
$$v \cdot t = \text{len}(e)$$
$$\overline{v}_k \leqslant v_k$$
$$\cdots$$
$$\overline{v}_m \leqslant v_m \tag{6-11}$$

式(6-11)中的目标函数旨在给定的离开时间 T 下，使边 $e = (n_i, n_j)$ 的油耗成本最小化。式(6-11)的约束条件包括：

(1)$(m-k+1)$ 段行进时间间隔之和等于总行进时间 w；

(2)$(m-k+1)$ 个时间间隔的距离之和等于总长度 $\text{len}(e)$；

(3)$\forall n \in [1, m-k+1]$：每个时间间隔 (I_{k+n-1}, I_{k+n}) 的平均速度 $v_{1,n} = \overline{v}_n$ 应满足边 e 上在当前时间间隔内所允许的最大速度。

计算最小燃料成本如算法 1 所示。

算法 1：Compute -Minimum-Fuel-Cost$(e, T, w, v_{\max}(e,t), t_k, t_m)$

输入：$e = (n_i, n_j), T, w, v_{\max}(e,t), t_k, t_m$

输出：$q = \langle c_{i,j}(T,v), w, T, v \rangle$ 的四元组

1 解公式(6-11)的非线性最优化问题

2 返回 $q = \langle c_{i,j}(T,v), w, T, v \rangle$ 的四元组

算法 1 可以利用 Matlab 或模拟退火算法解决在行程恰好为 w 的约束下使边缘 e 的燃料成本最小化的非线性最优化问题。在获取导致最小 $c_{i,j}(T,v)$ 的最优 v 之后，算法 1 返回一个四元组，封装了最小的燃油消耗，相应的行驶时间 w，出发时间 T 和速度向量 v。

6.1.3　通行费函数

在我们的设置中，边 (n_i, n_j) 的通行费收费函数 $f_{i,j}(T)$ 是关于出发时间 T 的任意单值函数，我们的算法允许使用任意单值收费函数。

6.2　算　法

由于 COTER 的问题是 NP-hard 的难题，因此本节提出了用于解决 COTER 的近似算法 ALG-COTER，并分析了其时间复杂度。

算法2：ALG -COTER$(G_T, n_s, n_e, t_d, t_a)$

输入：G_T, n_s, n_e, t_d, t_a

输出：n_s 到 n_e 的最佳路径 R

1　//第一步

2　COMPUTE-EARLIEST-ARRIVAL-TIME(G_T, n_s)；

3

4　//第二步

5　$G_T^c : G_T$ 的逆图

6　COMPUTE-LATEST-ARRIVAL-TIME(G_T^c, n_e)；

7

8　//第三步

9　Vec：一个空的向量，它将包含排序的节点；

10　|V|：G_T 中的节点数

11　bool MarkByTopo[|V|]；

12　memset(MarkByTopo, 0, sizeof (MarkByTopo))：

13　TOPOLOGICAL-SORT$(n_e, \text{MarkByTopo})$；

14

15　//第四步

16　COMPUTE-MINIMUM-COST(Vec, t_d, t_a)；

17

18　//第五步

19　if $\tau_e < \infty$ then

20　BACKTRACK-OPTIMAL-ROUTE$(G_T, g_e(t_e), t_e)$；

　　ALG-COTER 算法有五步，如算法 2 所示。如果在 t_d 离开源节点 n_s，那么第一步计算每个节点 n_i 的最早到达时间 λ_i。第二步是计算 θ_i，即对于每个候选节点 n_i，如果有人想在时间 t_a 之前到达目的节点 n_e，他到达 n_i 的最晚可行到达时间。第三步获取候选节点（定义 8）的拓扑排序。第四步是根据第三步的拓扑顺序结果，递归计算最优成本（OC）函数来计算在不同的到达时间到达每个候选节点 n_i 时的最小成本。第五步是回溯计算成本最优的路径 R，并找到最优路径 R 中的每个节点处的等待时间以及每条边上的速度。

6.2.1　计算 n_s 的每个后代节点的最早到达时间 λ_i

　　本小节讲述 ALG-COTER 算法的第一步，即计算 n_s 的后代节点（从 n_s 可达的节点）的最早到达时间 λ_i。

　　假设给定了边 $e = (n_j, n_i)$，从 n_j 出发的最早离开时间 $\lambda_j \in (t_k, t_{k+1}]$，那么如果用户始终以 e 允许的最大速度在边 e 上行驶，那么可以获得在 e 上的最少行程时间，即 $\min v \{w_{j,i}(\lambda_j, v)\}$，此种情况下，$\lambda_j + \min v\{w_{j,i}(\lambda_j, v)\}$ 是最早到达 n_i 的时间。

　　对于每个节点 $n_i \in V$，初始设置 $\lambda_i = \infty$。对于源节点 n_s，则将其最早到达时间 λ_s 设置为

t_d，然后，可以轻松计算出 n_s 的每个传出邻居节点（Outgoing Neighbor Node）的最早到达时间。类似地，可以通过对 G_T 执行时间相关的单源最短路径算法来获得 n_s 的每个后代节点 n_i 的最早到达时间。显然，时间相关的斐波那契堆优化的 Dijkstra 算法就足够了（根据文献［107］，此组合仍然是解决具有非负实边权重的单源最短路径问题的已知最快算法）。时间复杂度最差情况下是 $O(|V| \log |V| + |E|)$（在最坏的情况下涉及整个道路网络）。其中，$|V|$ 和 $|E|$ 表示 G_T 中的节点数和边数。

6.2.2　计算候选节点的最新到达时间 θ_i

ALG-COTER 的第二步是计算每个候选节点 n_i 的最晚到达时间 θ_i。

令 G_T^c 表示 G_T 的逆图。在 G_T^c 中，源节点为 n_e，$\theta_e = t_a$。通过将边的速度设置为最大速度的上限 v_{max}，可以很容易地获得 G_T^c 中边的最短行程时间。则 G_T^c 中边 $e = (n_j, n_i)$ 上的边权等于 $-\dfrac{len(e)}{v_{max}}$。因此，对于边 e 和节点 n_i，最晚到达时间 $\theta_i = \max\left\{\theta_i, \theta_j - \dfrac{len(e)}{v_{max}}\right\}$。换句话说，此问题变成了一个负权重的单源最长路径问题，也可以通过斐波那契堆优化的 Dijkstra 算法解决。该算法最差的时间复杂度是 $O(|V| \log |V| + |E|)$。

6.2.3　对候选节点进行拓扑排序

第三步的算法称为 TOPOLOGICAL-SORT，如算法 3 所示。

算法 3：TOPOLOGICAL-SORT$(n_i, \text{MarkByTopo})$

输入：n_i，MarkByTopo
输出：从 n_s 到 n_e 的任何路径上的所有节点按拓扑顺序排列的向量 **Vec**

1　MarkByTopo[ni]←1
2　For $n_j \in N^-(n_i)$ do
3　　If MarkByTopo$n_j \ne 1$ and $\lambda_j \geqslant t_d$ and $\lambda_j \leqslant t_a$ and $\theta_j \geqslant t_d$ and $\theta_j \leqslant t_a$ then
4　　　　TOPOLOGICAL-SORT$(n_j, \text{MarkByTopo})$
5　　Vec. pushback(n_i)

在算法 3 中，拓扑排序被设计为基于深度优先搜索的递归函数。MarkByTopo $[n_i] = 0$ 表示节点 n_i 尚未遍历；MarkByTopo $[n_i] = 1$ 表示节点 n_i 已被遍历。如果尚未遍历节点 n_i，即 MarkByTopo $[n_i] = 0$，则该函数遍历 n_i（第 1 行）。然后，对于 n_i 的每个前任节点 n_j，如果尚未遍历 n_j，同时其到达时间间隔在整个时间间隔 $[t_d, t_a]$ 内，则算法遍历 n_j（第 3～4 行）。TOPOLOGICAL-SORT 的第 3 行保证仅对候选节点进行排序，即其可行到达时间间隔在整个时间间隔 $[t_d, t_a]$ 内的那些节点，因为只有这些节点不仅可以从 n_s 到达，而且可以在给定的时间限制下到达 n_e。最后，在遍历完 n_i 的所有前任节点之后，这意味着在将 n_i 的所有先前节点都添加到向量 **Vec** 中之后，该算法会将 n_i 添加到向量 **Vec** 中（第 5 行）。这保证了 n_i 的所有前任节点都在向量 **Vec** 中位于 n_i 的前面。在最坏情况下，TOPOLOGICAL-SORT 的时间复杂度与最坏情况下的普通深度优先搜索的时间复杂度相同，即 $O(|V| + |E|)$［因为图 G_T 已知且大小固定，而且用 MarkByTopo 进行判断图的每个节点是否已经遍

历过,所以普通深度优先搜索的时间不是指数级,而是 $O(|V|+|E|)$]。

拓扑顺序是第 6.2.4 节中即将介绍的第四步的输入。第四步,根据每个节点的最优成本(OC)函数与其前任节点的 OC 函数之间的递推关系式,迭代计算每个节点的最优成本(OC)函数的值。第三步获得的拓扑顺序,保证可以利用在拓扑顺序中位于 n_i 前面的那些节点的最小成本值来计算节点 n_i 的最小成本。拓扑顺序还保证 n_i 的祖先节点的 OC 函数值能够在计算 n_i 的 OC 函数值之前先计算。

6.2.4 计算最低成本

下面详细介绍 ALG-COTER 算法的第四步,即根据拓扑顺序计算 OC 函数值来计算候选节点的最小成本。其称为 COMPUTE-MINIMUM-COST,如算法 4 所示。

1. 最优成本函数 $opt_i(t)$

下面为每个候选节点 $n_i \in G_T$ 引入了"在时刻 t 到达时的最优成本(Optimal-Cost)函数",或简称为 OC 函数,记作 $opt_i(t)$。对于每个候选节点 n_i,使用 $R_i(t)$ 表示在时间 t_d 或之后从源节点 n_s 出发并在时刻 t 到达 n_i 的所有路径的集合。

$opt_i(t)$ 的数据结构是一个四元组,它封装了:(1)在时刻 t 到达 n_i 时最优(最小)成本 $opt_i(t).val$ 的值,即 $opt_i(t).val=\min\{cost(r)|r \in R_i(t)\}$;(2)前一个节点 $opt_i(t).pre$,它是 n_i 的传入邻居,从它到达 n_i 可以获得最小成本 $opt_i(t).val$;(3)相应的四元组 $opt_i(t).q$,封装了相应的油耗成本、行驶时间、从 $opt_i(t).pre$ 出发的时间 T、速度 v;(4)在时刻 t 之前或时刻 t 到达先前节点 $opt_i(t).pre$ 时的先前最低成本 $opt_i(t).preCost$。

$opt_e(t_e)$ 是封装目标节点 n_e 处 $opt_e(t).val$ 最小值的四元组,其中 t_e 是 $opt_e(t).val$ 取得最小值对应的时刻。自然地,$opt_e(t_e).val$ 是在约束条件下从 n_s 到 n_e 的最优成本,我们的最终目标是获得 $opt_e(t_e)$。

2. OC 函数的递推关系式

假设节点 n_j 是节点 n_i 的一个传入邻居,即 $n_j \in N^-(n_i)$,则 n_i 的 OC 函数和 n_j 的 OC 函数之间的递推关系可以用式(6-12)表示。COMPUTE-MINIMUM-COST(算法 4)的关键思想是使用式(6-12)迭代计算 OC 函数 $opt_i(t_i).val$ 的值:

$$opt_i(t_i).val=opt_j(t_j).val+f_{j,i}(opt_i(t_i).q.T)+c_{j,i}(opt_i(t_i).q.T,v) \qquad (6-12)$$

3. COMPUTE-MINIMUM-COST 算法

COMPUTE-MINIMUM-COST 算法可通过迭代计算出 $opt_e(t_e)$。该算法将前三个步骤的输出作为输入。

在算法 4 中,很明显,**Vec** 的第一个元素是源节点 n_s,而 **Vec** 的最后一个元素是目的节点 n_e。最初(第 1~第 5 行),对任何节点 n_i,$opt_i(t)$ 和 τ_i 都初始化为 $opt_i(t).val \leftarrow \infty$ 和 $\tau_i \leftarrow \infty$。然后,对拓扑排序的候选节点向量 **Vec** 中的每个节点执行一个循环(第 6~第 35 行)。

在第一次迭代(第 7~第 13 行)中,**Vec**[0] 为 n_s,n_s 的时域为 $[\lambda_s, \theta_s]$,$opt_s(t)$ 和 τ_s 设置为 $opt_s(t).val \leftarrow 0$,$opt_s(t).pre \leftarrow NULL$,$opt_s(t).q \leftarrow NULL$,$opts(t).preCost \leftarrow 0$ 和 $\tau_s \leftarrow 0$。显然,对于任何到达时间 t,从 n_s 到 n_s 的成本为零。这意味着对于任何 $t \in [\lambda_s, \theta_s]$,$n_s$ 的 OC 函数 $opt_s(t)$ 的值都为零。

在每个后续迭代中(第 14~第 35 行),假定当前节点 **Vec**[it] 为 n_i。然后,对于 n_i 的每个传入邻居 n_j,如果 $t_d \leq \lambda_j \leq t_a$ && $\lambda_j \leq \theta_j \leq t_a$(第 17 行),则 n_j 必定是候选节点,可以从 n_s

到达,并且可以在给定的时间约束下达到 n_e,因此,它肯定在向量 **Vec** 中。另外,根据拓扑顺序,n_j 必定在 n_i 之前已被处理。令 T 表示从 n_j 出发的时间,则 T 的时域为 $[\lambda_j, \theta_j]$。

注意,仅在某些节点上允许等待。这样,对于每个时间戳 T(第 19 行),如果不允许在 n_j 处等待,则 τ_j 表示当前 $\mathrm{opt}_j(T).\mathrm{val}$,即恰好在时刻 T 到达节点 n_j 时的最小成本(第 20~第 21 行);如果在 n_j 处允许等待,则让 τ_j 表示所有 $t \in [\lambda_j, T]$ 中的 $\mathrm{opt}_j(t).\mathrm{val}$ 的当前最小成本,即在时间 T 之前或时刻 T 到达节点 n_j 的最小成本(第 22~第 25 行)。

算法 4:COMPUTE-MINIMUM-COST($\mathbf{Vec}, t_d, t_a$)

输入:$\mathbf{Vec}, t_d, t_a$

输出:从 n_s 到 n_e 的 OC 方程 $\mathrm{opt}_e(t_e)$

1	for $it \in [0, \mathbf{Vec}.\mathrm{size}()-1]$ do
2	$\quad n_i \leftarrow \mathbf{Vec}[it]$
3	$\quad$ for $t \in [\lambda_i, \theta_i]$ do
4	$\quad\quad \mathrm{opt}_i(t).\mathrm{val} \leftarrow \infty$
5	$\quad \tau_i \leftarrow \infty$
6	for $it \in [0, \mathbf{Vec}.\mathrm{size}()-1]$ do
7	$\quad$ if $\mathbf{Vec}[\mathrm{lit}] = n_s$ then
8	$\quad\quad \mathrm{opt}_s(t),\mathrm{val} \leftarrow 0$ for $t \in [\lambda_s, \theta_s]$
9	$\quad\quad \mathrm{opt}_s(t).\mathrm{pre} \leftarrow \mathrm{NULL}$ for $t \in [\lambda_s, \theta_s]$
10	$\quad\quad \mathrm{opt}_s(t) \cdot q \leftarrow \mathrm{NULL}$ for $t \in [\lambda_s, \theta_s]$
11	$\quad\quad \mathrm{opt}_s(t).\mathrm{precost} \leftarrow 0$ for $t \in [\lambda_s, \theta_s]$
12	$\quad\quad \tau_s \leftarrow 0$
13	$\quad\quad \mu_s \leftarrow \lambda_s$
14	$\quad$ else
15	$\quad\quad n_i \leftarrow \mathbf{Vec}[it]$
16	$\quad\quad$ for each node $n_j \in N^-(n_i)$ do
17	$\quad\quad\quad$ if $\lambda_j \leqslant \theta_j$ and $\lambda_j \geqslant t_d$ and $\theta_j \leqslant t_a$ and $\theta_j \geqslant t_d$ then
18	$\quad\quad\quad\quad$ //确保 $n_j \in \mathbf{Vec}$,并且 n_j 在 $\mathbf{Vec}$ 中的 n_i 之前
19	$\quad\quad\quad\quad$ for 每个来自 n_j 的出发时间 $T \in [\lambda_j, \theta_j]$ do
20	$\quad\quad\quad\quad\quad$ if n_j 不允许等待 then
21	$\quad\quad\quad\quad\quad\quad \tau_j \leftarrow \mathrm{opt}_j(T).\mathrm{val}$
22	$\quad\quad\quad\quad\quad$ else if n_j 允许等待 then
23	$\quad\quad\quad\quad\quad\quad$ //计算 τ_j 的简单方法是:
24	$\quad\quad\quad\quad\quad\quad \tau_j \leftarrow \min_{t \in [\lambda_j, T]}\{\mathrm{opt}_j(t).\mathrm{val}\}$
25	$\quad\quad\quad\quad\quad\quad$ /*请注意堆优化用于加速计算*/
26	$\quad\quad\quad\quad\quad$ $e \leftarrow (n_j, n_i)$
27	$\quad\quad\quad\quad\quad$ for 每个可能的旅途时间 $w \in [\lambda_i - T, \theta_i - T]$ do
28	$\quad\quad\quad\quad\quad\quad q \leftarrow$ Compute-Minimum-Fuel-cost $(e, T, w, v_{\max}(e,t), t_k, t_m)$

29	$\text{opt}_{j\to i}(T+w)\leftarrow\min\{\text{opt}_{j\to i}(T+w),\tau_j+f_{j,i}(T)+q.\,c_{j,i}$
	$(T,q.\,v)\}$
30	**if** $\text{opt}_i(T+w)>\text{opt}_{i\to i}$ **then**
31	//如果这样,用 $\text{opt}_{j\to i}$ to 更新 $\text{opt}_i(T+w)$
32	$\text{opt}_i(T+w).\,\text{val}\leftarrow\text{opt}_{j\to i}(T+\text{w})$
33	$\text{opt}_i(T+w),\text{pre}\leftarrow n_j$
34	$\text{opt}_i(T+w).\,q\leftarrow q$
35	$\text{opt}_i(T+w),\text{precost}\leftarrow\tau_j$
36	$\tau_e\leftarrow\min_{t\in[\lambda_e,t_a]}\{\text{opt}_e(t).\,\text{val}\}$
37	**if** $\tau_e=\infty$ **then**
38	**return** "No feasible routes exist!";
39	**else**
40	$t_e\leftarrow\min\{t\mid\text{opt}_e(t).\,\text{val}=\tau_e,t\in[\lambda_e,t_a]\}$
41	**return** $\text{opt}_e(t_e),\tau_e,t_e$

最小堆优化以获得 τ_j:在 n_j 允许等待的情况下,传统的获取 τ_j 的方法是执行一个循环,以找到所有 $t\in[\lambda_j,T]$ 的 $\text{opt}_j(t).\,\text{val}$ 的最小值(第24行),其时间复杂度是 $O(T-\lambda_j)$,在最坏的情况下,其时间复杂度是 $O(\theta_j-\lambda_j)$。在实现中,为了更高效地计算 τ_j 的值,对每个节点 n_j 使用二值最小堆来维护所有 $\text{opt}_j(t),t\in[\lambda_j,T]$ 的值。对所有 $t\in[\lambda_j,T]$,最小堆始终维护那个具有最小 $\text{opt}_j(t).\,\text{val}$ 值的 $\text{opt}_j(t)$ 作为根元素。因此,找到最小值仅需 $O(1)$ 时间。在节点 n_j 上每个插入和删除操作需要 $O(\log(\theta_j-\lambda_j))$ 时间。因此,与传统方法相比,最小堆优化能够有效减少时间。

接下来,对于边 $e=(n_j,n_i)$,由于节点 n_i 的到达时间间隔为 $[\lambda_i,\theta_i]$,因此该边 e 的行进时间范围(即 w)应为 $[\lambda_i-T,\theta_i-T]$。因此,算法4(COMPUTE-MINIMUM-COST)的第27~第35行对每个行进时间戳 w 执行循环。第28行调用算法1(计算最小燃料成本)以获得四元组,该四元组在边 e 的行进时间正好为 w 时指定了最小燃料成本 $q.\,c_{j,i}(T,q.\,v)$。如果当前 $\text{opt}_{j\to i}(T+w)$ 大于 $\tau_j+f_{j,i}(T)+q.\,c_{j,i}(T,q.\,v)$,则第29行使用 $\tau_j+f_{j,i}(T)+q.\,c_{j,i}(T,q.\,v)$ 更新 $\text{opt}_{j\to i}(T+w)$。最后(第30~第35行),我们使用 $\text{opt}_{j\to i}(T+w)$ 更新 $\text{opt}_i(T+w)$。令 $t=T+w$,然后 $\text{opt}_i(T+w)$ 被重写为 $\text{opt}_i(t)$。注意,当前的 $\text{opt}_i(t)$ 并不是最终的最佳 OC 函数。

总之,算法4通过三个循环为节点 n_i 迭代更新 $\text{opt}_i(t)$:第一层循环(第16~第35行)对 n_i 的每个传入邻居 n_j 进行迭代;第二层循环(第19~第35行)从 n_j 迭代每个出发时间 T;第三层(第27~第35行)循环迭代每个 $w\in[\lambda_i-T,\theta_i-T]$。这样,$\text{opt}_i(t).\,\text{val}$ 逐步地接近其最佳值。

在外层循环的最后一次迭代中,算法4处理 **Vec** 的最后一个节点,即目标节点 n_e。在此迭代期间,算法4处理 n_e 的传入边并迭代更新 $\text{opt}_e(t)$。

最终,在算法4的第39~第41行找到 $\text{opt}_e(t_e)$ 和相应的时间戳 t_e。

6.2.5 回溯成本最优路径

现在介绍 ALG-COTER 的最后一步,即回溯从目的地节点 n_e 到源节点 n_s 的成本最优路径 R,并计算每个节点 $n_i\in R$ 的等待时间 $\gamma(n_i)$,以使 $\text{cost}(R)=\text{opt}_e(t_e).\,\text{val}$。

1. 介绍数据结构

逆向的最优路径存储在名为"ReverseR"的向量中。该向量的每个元素封装有

当前节点 n_i、n_i 处的最佳到达时间 t_i、等待时间 γ_i、四元组 q 和四元组 opt_i。四元组 q 指定了用户离开前一个节点的离开时间 $q.T$、行驶速度 v，并在时刻 t_i 到达 n_i。四元组 opt_i 等于 $opt_i(t_i)$，指定了在时间 t_i 到达 n_i 时的最低成本 $opt_i.val$、前一个节点 $opt_i.pre$、$opt_i.q$、$opt_i.preCost$，如第 6.2.4 节的第二段所述。

2. 通过反向遍历 ReverseR 中的每个元素，用 R 来存储从源 n_s 到目标 n_e 的最优路径

R 的每个元素封装有当前节点 node、到达节点 node 的时间 $Arr(node)=t_{arr}$、节点 node 上的等待时间 $\gamma(node)$、一个四元组 q，（它指定用户如何从节点 node 离开到下一个节点，即在哪个出发时间 $q.T$，以什么速度 $q.v$ 等）、在时刻 t_{arr} 到达节点 node 时的当前最低成本 minCost 以及后继节点 next_node。因此，可看出 R 含有有关成本最优路径的非常详细的信息，这就保证了如果遵循路线 R 一步一步向前行驶，就能花费最小成本（燃料成本加通行费）。

该算法记作 BACKTRACK-OPTIMAL-ROUTE，如算法 5 所示，BACKTRACK-OPTIMAL-ROUTE算法的关键思想是为从目的地 n_e 到源节点 n_s 的最优路径上的每个节点迭代找到其前驱节点。最初（第 3~第 7 行），$n_i \leftarrow n_e$。将 $opt_i(t_i)$ 初始化为 $opt_e(t_e)$，将 t_i 初始化为 t_e。在每次迭代中，使用第 10~第 15 行查找最优路径 R 中 n_i 的前任 n_j。因此 $n_j = opt_i(t_i).pre$ 是最佳路线 R 中 n_i 的前任；$opt_i(t_i).q.T$ 为从 n_j 离开的出发时间；$opt_i(t_i).q.v$ 是用户在边 (n_j, n_i) 上的行驶速度；$t_j = \min\{t | opt_j(t).val = opt_i(t_i).preCost, t \in [\lambda_j, opt_i(t_i).q.T]\}$ 是最优路径 R 中 n_j 的到达时间，同时 $opt_j(t_j).val = opt_i(t_i).preCost$。这样的前任 n_j 肯定存在，因为 $opt_i(t_i).val$ 正是由算法 4 使用公式（6-12）中的 $opt_j(t_j).val$ 计算得到的。$n_j \in R$ 处的等待时间可由公式（6-13）计算得到，即

$$\gamma(n_j) = opt_i(t_i).q.T - t_j \tag{6-13}$$

算法 5：BACKTRACK－OPTIMAL－ROUTE$(G, opt_e(t_e), t_e)$

输入： $G_T, opt_e(t_e), t_e$

输出： 成本最优路线 R

1　$R \leftarrow$ 空的六元组 $<node, t_{arr}, \gamma, q, mincost, next\_node>$

2　ReversseR $\leftarrow$ 空的五元组 $<n_i, t_i, \gamma_i, q, opt_i>$

3　$n_i \leftarrow n_e$

4　$t_i \leftarrow t_e$

5　$\gamma_i \leftarrow 0$

6　$q \leftarrow$ NULL

7　$opt_i \leftarrow opt_e(t_e)$

8　while $n_i \neq n_s$ do

9　　　　ReverseR. push_back $(<n_i, t_i, \gamma_i, q, opt_i>)$

10　　　　$n_j \leftarrow opt_i\ pre$

11　　　　$t_j \leftarrow \min\{t | opt_j(t).val = opt_i.precost, t \in [\lambda_j, opt_{i.q}.T]\}$

12　　　　$\gamma_j \leftarrow opt_{i.q.T} - t_j$

13　　　　$q \leftarrow opt_i.q$

14		$opt_j \leftarrow opt_j(t_j)$
15		$i \leftarrow j$
16		If $n_i = n_j$ then
17		ReverseR. push_back($<n_i, t_i, \gamma_i, q, opt_i>$)
18		Break;
19	for id=ReverseR. size ()-1 to 0 do	
20		node $\leftarrow$ ReverseR[id]. n_i
21		$t_{arr} \leftarrow$ ReverseR[id]. t_i
22		$\gamma \leftarrow$ ReverseR[id]. γ_i
23		$q \leftarrow$ ReverseR[id]. q
24		mincost $\leftarrow$ ReverseR[id]. opt_i. val;
25		if id=0 then
26		next_node$\leftarrow$NULL
27		else
28		next_node $\leftarrow$ ReverseR[id-1]. n_i
29		(R. push$_b$ack($<$node, tarr, γ, q, mincost, next_node$>$)
30	return R	

算法 5 中的"while 循环"(第 8~第 18 行)从目的节点 n_e 处一个接一个地找到前任节点,并在找到源节点 n_s 作为前任节点时(第 16~第 18 行)终止,即 $n_i = n_s$。至此,最优路径的所有节点均已找到,且所有节点 $n_i \in R$ 的等待时间 $\gamma(n_i)$ 均已计算。

算法 5 中的"for-loop"(第 19~第 29 行)反向遍历 ReverseR 的每个元素。对于每次迭代,第 20~第 28 行提取当前节点 node,节点 node 处的最佳到达时间 t_{arr},节点 node 处的等待时间 γ,指定用户如何从节点 node 离开到下一个节点的四元组 q,以及下一个节点 next_node。第 29 行将从源节点 n_s 到目的地 n_e 的最优路径的每个节点以及相关信息存储到向量 R 中。R 中的第一个元素是一个六元组,包含 n_s、t_{arr}、γ、q、minCost、next_node,对应于 ReverseR 中的最后一个元素。当包含 n_e 的六元组被推入 R 中时,"for-loop"终止。注意,对于节点 n_e(第 25~第 26 行),后继节点的下一个节点设置为 NULL。

6.2.6 时间复杂度分析

本小节分析 ALG-COTER 算法(如算法 2 所示)的时间复杂度。

对于算法 2 的第一步和第二步,使用单源最短路径算法,即 Fibonacci-heap 优化的 Dijkstra。其在最坏的情况下的时间复杂度为 $O(|V| \log |V| + |E|)$。

对于第三步,即 TOPOLOGICAL-SORT 算法,如算法 3 所示。其在最坏情况下的时间复杂度为 $O(|V| + |E|)$。

对于第四步,即计算节点 n_i 的最小成本 $opt_i(t)$。算法 4 中的 COMPUTE-MINIMUM-COST 执行循环(第 6~第 35 行)以处理在拓扑排序的向量 **Vec** 中的每个节点。**Vec** 的大小最大(在最坏的情况下)是 $|V|$。(实际上,从我们的实验中,我们发现 **Vec** 的大小通常比 $|V|$ 小得多,即 $|\mathbf{Vec}| \ll |V|$。)在第一层循环的第 it 次迭代中,当前节点 n_i 是 **Vec**[it],算法 4 执

行第二层循环(第 16～第 35 行)以处理 n_i 的传入边(incoming edges)。很容易知道,**Vec** [it]的传入边数最多为在 **Vec** 中位于 **Vec** [it]之前的节点数。因此,第一层循环和第二层循环的总时间复杂度为 $\sum_{\text{it}=0}^{\text{it}=|\text{Vec}|-1} \text{it} = \frac{|\text{Vec}|^2 - |\text{Vec}|}{2}$ 。(在最坏的情况下,第一层循环和第二层循环的操作总数为 $O(|V|+|E|)$,这意味着在最坏的情况下,拓扑排序涉及整个道路网络。对于每个传入邻居 n_j,从 n_j 出发的时间 T 最多具有 $(\theta_j - \lambda_j)$ 个可能的时间戳。对于每个时间戳 T,算法 4 通过具有时间复杂度为 $O(\log(\theta_j - \lambda_j))$ 的堆优化计算出 τ_j,然后针对每个可能的行进时间 $w \in [\lambda_i - T, \theta_i]$ 执行另一个循环(第 27～第 35 行)。对于每个 w,算法 4 调用一次算法 1(计算—最小—燃料成本)。由于可以简单地使用 Matlab 或遗传算法来解决非线性优化问题,因此算法 1 的时间复杂度为 $O((m-k+1)^2)$ 。因此,算法 4 的时间复杂度为

$$
\begin{aligned}
T(\text{第四步}) &= O\Big(\min\Big\{\frac{|\text{Ve}|^2 - |\text{Vec}|}{2}, |V|+|E|\Big\}\Big) \cdot \max_{n_j \in \mathbb{E}} \{\theta_j - \lambda_j\} \cdot \\
&\quad (O(\log(\theta_j - \lambda_j)) + (O(\theta_i - T - (\lambda_i - T)) \cdot O((m-k+1)^2))) \\
&\leqslant O\Big(\min\Big\{\frac{|\text{Vec}|^2 - |\text{Vec}|}{2}, |V|+|E|\Big\}\Big) \cdot \\
&\quad (t_a - t_d) \cdot (O(\log(t_a - t_d)) + O(t_a - t_d) \cdot O(p^2)) \\
&= O\Big((t_a - t_d)^2 p^2 \cdot \min\Big\{\frac{|\text{Vec}|^2 - |\text{Vec}|}{2}, |V|+|E|\Big\}\Big)
\end{aligned}
$$

对于算法 2 中的第五步,即回溯最优路径 R 并计算 R 中每个节点的等待时间,如算法 5 所示。"while 循环"的时间复杂度和" for 循环"的时间复杂度为 $O(|\text{Vec}|)$,在最坏的情况下,$O(|\text{Vec}|) = O(|V|)$ 。

总之,在最坏的情况下,ALG-COTER 算法的总时间复杂度为

$$
\begin{aligned}
T(\text{ALG-COTER}) &= O(|V|\log|V| + |E|) + O(|V| + |E|) \\
&\quad + O\Big((t_a - t_d)^2 p^2 \cdot \Big(\min\Big\{\frac{|\text{Vec}|^2 - |\text{Vec}|}{2}, |V| + |E|\Big\}\Big)\Big) + O(|V|) \\
&= \max\Big\{O(|V|\log|V| + |E|), O\Big((t_a - t_d)^2 \min\Big\{\frac{|\text{Vec}|^2 - |\text{Vec}|}{2}, |V| + |E|\Big\}\Big)\Big\}
\end{aligned}
$$

讨论:上面的等式给出了在最坏情况下的算法时间复杂度的上限。实际上,通过实验发现,候选节点的数量 $|\text{Vec}|$ 比 $|V|$ 小得多,通常不超过 100;而且道路网络中每个节点的入度很小,不超过 10。因此,$\frac{|\text{Vec}|^2 - |\text{Vec}|}{2} < 10^3 << |V| + |E|$ 。

6.3 实　验

下面具体阐述 ALG-COTER 算法的性能。

6.3.1 实验数据集

本节使用了三个现实世界的道路网络:奥尔登堡(OL)市、圣华金县(TG)道路网[①]和佛罗里达(FLA)道路网络[②]。OL 具有 6 105 个节点和 7 035 个边。TG 有 18 263 个节点和 23 874 个边。FLA 具有 1 070 376 个节点和 2 712 798 个边。OL,TG 和 FLA 道路网络的平均边长分别为 73.679、34.9 和 0.2043。注意,原始 FLA 中每个路段对应于两个方向相反的边,这里,只保留单向边,删除了多余的反向边来避免循环。因此,FLA 中有效边的数量减半为 1 456 400,如表 6-2 所示。这样,就得到了 FLA 的有向无环图,它满足拓扑排序的要求。

6.3.2 简化的通行费函数

注意,只要通行费函数是任意单值函数,我们的算法就可以处理任何通行费函数。为了方便起见,在不失一般性的情况下,我们在实验中暂时使用以下通行费函数:

$$f_{i,j}(T) = \begin{cases} f_1; & T_0 \leqslant T \leqslant T_1 \\ f_2; & T_1 < T \leqslant T_2 \\ \vdots & \\ f_l; & T_{l-1} < T \leqslant T_l \end{cases} \tag{6-14}$$

式中,$[T_0, T_l]$ 是函数 $f_{i,j}(T)$ 的时域。$f_x(1 \leqslant x \leqslant l)$ 为常数,表示 $T \in (T_{x-1}, T_x]$ 时的 $f_{i,j}(T)$ 值,具体来说,$T_0 = t_d$,$T_l = t_a$。

6.3.3 实验目的和角度

我们从以下几个方面评估 ALG-COTER 算法的效率、灵敏度和可扩展性:

(1)相对于节点数量的运行时间;
(2)相对于候选节点数量和候选路径数量的运行时间;
(3)相对于源 n_s 与目的地 n_e 之间的距离的运行时间;
(4)相对于时间间隔 $[t_d, t_a]$ 长度的运行时间;
(5)相对于 $f_{i,j}(T)$ 的平均分段数的运行时间;
(6)相对于 $v_{max}(e, t)$ 分段数的运行时间;
(7)相对于平均边长的运行时间;
(8)ALG-COTER 的运行时间相对于基准方法的运行时间。

表 6-2　输入道路网

图	节点数	有效边数	边平均长度/km
OL	6 105	7 035	73.679
TG	18 263	23 874	34.9
FLA	1 070 376	1 456 400	0.2034

所有实验用 C/C++ Microsoft Visual Studio 2010 实现,运行在 Windows 7 Professional 的 Intel(R)Xeon(R)CPU X5650 2.67GHz,6 核和 24.0 GB 内存的计算机上。

---

① http://www.cs.utah.edu/%7Elifeifei/SpatialDataset.htm
② http://www.dis.uniroma1.it/challenge9/download.shtml

6.3.4 参数的默认值和实验设置

表 6-3 所示为本章所使用参数的默认值。下面的所有实验都是通过更改一个参数的值同时保留其他参数的默认值来进行的。

表 6-3　一些参数的默认值

参数	默认值
t_d	0
t_a	1 440 min
l:对于 $T \in [t_d, t_a]$, $f_{i,j}(T)$ 的片段数	100
p:$t \in [t_d, t_a]$ 时 $v_{max}(e, t)$ 的片段数	24
v_{max}	130 km/h
v_{min}	40 km/h
从 n_s 到 n_e 的候选路由数量	4 (OL & TG); 3 (FLA)
对于 OL 在 **Vec** 中的候选节点数	9~10
对于 TG 在 **Vec** 中的候选节点数	8~10
对于 FLA 在 **Vec** 中的候选节点数	17
OL, TG 和 FLA 的平均长度	73.68 km,34.9 km,0.203 4 km
OL, TG 和 FLA 中 n_s 到 n_e 的距离	600 km,75 km,3 km

除非特别说明,一般都是在原始的 OL 或 TG 或 FLA 网络上进行实验的,这意味着 OL,TG 和 FLA 的节点数、有效边数和边平均长度与表 6-2 所示中的相同。在实验中,t_d 始终设置为 0,而 t_a 默认设置为 1440。注意,使用分钟来测量时间戳。

注意,p 的默认值即 $v_{max}(e, t)$ 的分段数是 24。如定义 2 中所述,$v_{max}(e, t) = 130$ km/h, $v_{min}(e, t) = 40$ km/h,因此,暂且假设 $v_{max}(e, t)$ 的值来自数组 $v[10] = \{130, 120, 110, 100, 90, 80, 70, 60, 50, 40\}$。将整个时域划分为 $p = 24$ 个相等的间隔,每个间隔的长度为 $(t_a - t_d)/p$ min。对于每个时间间隔 $[t_k, t_{k+1}]$,其中 $k \in [0, p-1]$,此间隔内边 e 上所允许的最大速度即 $v_{max}(e, t)$,设置为 $v[(e. \text{ID} + k) \% 10]$,其中 $e.\text{ID}$ 是表示边 e 的标识符的整数。这样, 保证每个边缘 e 的 $v_{max}(e, t)$ 的分段数是一个固定值,等于 p。

同样,在不失一般性的情况下,通过式(6-14)为每个边 $e = (n_i, n_j)$ 设置 $f_{i,j}(T)$ 值,$T \in [t_d, t_a]$。假设边 e 的 $f_{i,j}(T)$ 的段数,即 l 为 100,则将整个时域 $[t_d, t_a]$ 划分为 100 个相等的时间间隔。使用数组 $f[4] = \{20, 15, 10, 5\}$ 来模拟每个边的通行费的值。对于 $T \in [T_{x-1}, T_x]$ 其中 $x \in [1, l]$,$f_{i,j}(T)$ 的值设置为 $f[(e.\text{ID} + (x-1)) \% 4]$,其中 $e.\text{ID}$ 是边 e 的标识符。这样,保证每个边缘的 $f_{i,j}(T)$ 的段数是一个固定值,等于 l。

注意,对于 OL 和 TG 道路网络,保持候选路径数的默认为 4,而对于 FLA 道路网络,候选路径数默认为 3。OL,TG,FLA 网络的 **Vec** 中的候选节点分别为 9~10、8~10、17。实际上,为了研究候选路径数量对运行时间的影响,在预处理步骤中,计算了在没有时间约束的情况下,OL 网络中从节点 $n_s = 0$ 到其可到达的所有节点的所有路径,TG 网络中从 $n_s = 23$ 到它可到达的所有节点的所有路径,FLA 网络中从 $n_s = 83$ 到它可到达的所有节点的所有路径。这样就可以提前知道 OL 网络中从 $n_s=0$ 到其他任何节点的路径有多少，TG 网络中从 $n_s=23$ 到其他任何节点的路径有多少，以及 FLA 网络中从 $n_s=83$ 到其他任何节点的路径有多少。因此，可以在实验中控制候选路径的数量。

6.3.5 实验结果

下面报告详细的实验结果。

1. 探索节点数的影响

从三个原始道路网络生成较小的子图。OL 子图中的节点数从 2 000 增加到 6 000。TG 子图中的节点数从 2 000 增加到 18 000。FLA 子图中的节点数从 20 万增加到 107 万。生成较小图的过程如下。假设较小图中的节点数为 N_i。从原始的节点集 V，保留前 N_i 个节点并舍弃其余节点；从原始的边集 E 中，仅保留起始节点和结束节点位于前 N_i 节点之中的边，这样就生成了一个子图。表 6-4～表 6-6 中分别所示的是 OL、TG 和 FLA 生成的子图的详细信息。

表 6-4　OL 的子图

子图 ID	节点数	边数
1	2 001	2 285
2	3 001	3 421
3	4 001	4 577
4	5 001	5 749
5(原始 OL)	6 105	7 035

表 6-5　TG 的子图

子图 ID	节点数	边数
1	2 000	1 335
2	6 000	5 306
3	10 000	10 235
4	14 000	16 113
5(原始 TG)	18 263	23 874

表 6-6　FLA 的子图

子图 ID	节点数	边数
1	200 000	252 772
2	400 000	506 768
3	600 000	764 006
4	800 000	1 017 156
5(原始 FLA)	1 070 376	1 456 400

将 $f_{i,j}(T)$ 的分段间隔数和 $v_{\max}((n_i,n_j),t)$ 的分段间隔数设置其默认值为 100 和 24。为了更好地反映 ALG-COTER 运行时间和图的节点数之间的关系，进行 5 组实验：将整个时间间隔 $[t_d,t_a]$ 设置为 $[0,600]$，$[0,800]$，$[0,1000]$，$[0,1200]$ 和 $[0,1440]$。如第 6.3.4 节

最后一段所述,在每个组中,总是选择合适的 n_e 来保证 **Vec** 中的候选节点数与从 n_s 到 n_e 的候选路径数是表 6-3 所示中的默认值,以避免候选节点或路径数量对运行时的影响。

在图 6-1 所示中,分别描绘了节点数量对 OL、TG 和 FLA 道路网络的运行时间的影响。如图 6-1 所示,ALG-COTER 的运行时间几乎不受节点总数变化的影响,这意味着运行时间相对于图的节点数的灵敏度较低。原因是候选节点的数量之差仅为 1 或 2,并且候选路径数量保持不变,这意味着 ALG-COTER 算法的搜索空间变化不大,并保证了节点或边的增加对后续算法(算法 4 和算法 5)的搜索空间没有影响。同时,还可以发现算法相对于节点数量 N_i 具有可扩展性。

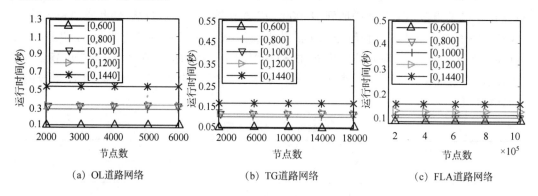

|(a) OL道路网络|(b) TG道路网络|(c) FLA道路网络|

图 6-1　运行时间相对于节点数量

2. 探索 Vec 中候选节点数和候选路径数的影响

下面进行实验以研究 **Vec** 中的候选节点数以及从源 n_s 到目标 n_e 的候选路径数对运行时间的影响。从 6.3.4 节可知,如果将 n_s 设置为固定节点,就可以根据预处理步骤中从 n_s 到 n_i 的路径的数量将 n_s 可到达的节点 n_i 分组。同时,如果将 n_s 设置为固定节点,那么还可以根据 **Vec** 中从 n_s 到 n_i 的候选节点数将节点分组。

对于 OL 道路网络,将 n_s 设置为 0,发现从 n_s 到 n_s 可达的任何其他节点的路径数在 1～16 之间。在图 6-2(a)所示中绘制了候选路径数作为 n_e 的 ID 的函数。具有较高频率的候选路径数为 1、2、3、4、5 和 6。不过,也存在诸如 7、8、10、12、16 之类的数量,尽管它们具有较低的频率。因此,为了研究候选路径数量对运行时间的影响,在图 6-3(a)所示中将平均运行时间描述为候选路径数量的函数。同样地,**Vec** 中具有较高频率的候选节点的数量分别为 6、7、9、13 和 26。因此,还将平均运行时间描述为 **Vec** 中候选节点数量的函数,如图 6-4(a)所示。

对于 TG 道路网络,将 n_s 设置为 23,发现 n_s 可以到达许多节点,并且从 n_s 到其可达节点存在非常多的路径,如图 6-2(b)所示。频率较高的路径数为 1、2、3、4、6、8、16、112、280、840、1680、4480 和 10 080。实际上,即使路径数很大,**Vec** 中的候选节点数仍然很小,例如,从 $n_s=23$ 到 $n_e=6805$,有 10 080 个不同的路径,但候选节点的数量仅为 76 个。试想一下,对于算法 4,如果我们为每个候选路径执行迭代而不是对候选节点执行迭代,时间复杂度肯定会高得多。这一事实有力地证明了算法 2 中第三步中的拓扑排序可以减少算法 2 中第四步的搜索空间。为了探究候选路径数量对运行时间的影响,在图 6-3(b)所示中将平均运行时间描绘为候选路径数量的函数。同时,**Vec** 中具有高频率的候选节点数分别为 2、4、8、14、17、41、44 和 52。因此,还将平均运行时间描绘为 **Vec** 中候选节点数量的函数,如图 6-4(b)所示。

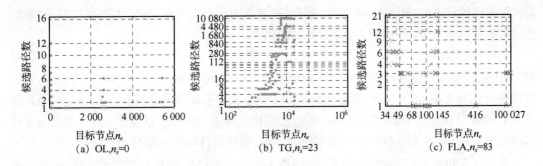

图 6-2　从固定 n_s 到不同 n_e 的候选路径的数量

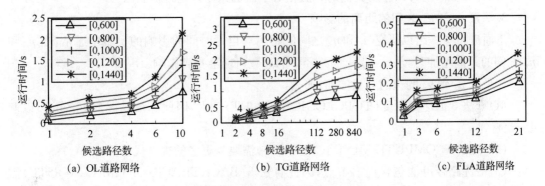

图 6-3　运行时间相对于候选路径数

对于 FLA 道路网络,将 n_s 设置为 83,并找到从 n_s 到其他节点的路径数在 1~21 之间。在图 6-2(c)所示中绘制候选路径的数量作为不同的 n_e 的函数。具有较高频率的候选路径数为 1、3、6、12 和 21。在图 6-3(c)所示中描绘了平均运行时间与候选路径数的关系。还将平均运行时间描绘为 **Vec** 中候选节点数量的函数(保持路径数量不变),如图 6-4(c)所示。

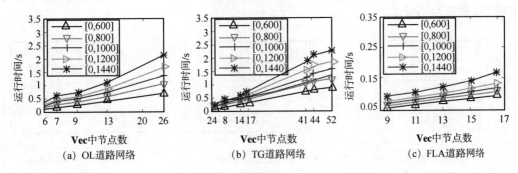

图 6-4　运行时间相对于候选节点数量

在图 6-3 和图 6-4 所示中,进行了 5 组实验:t_a 分别设置为 600、800、1 000、1 200 和 1 440。在每组实验中,当候选路径的数量或候选节点的数量增加时,观察到运行时间会增加。

首先,很自然地,如果存在从 n_s 到 n_e 的更多的候选路径,这意味着每个节点可能具有更多的传入边(Incoming Edges),那么算法 4(COMPUTE-MINIMUM-COST)必须为第二层循环执行更多的迭代(第12~第35行)。其次,如果存在从 n_s 到 n_e 的更多候选路径,那么可能涉及更多节点,这意味着 **Vec** 的大小可能会更大,因此算法 4(COMPUTE-MINIMUM-COST)必须为最外层循环执行更多迭代(第 6～第 35 行)。这就是为什么在图 6-3 所示的每组实验中,在候选路径的数量增加时,平均运行时间会增加的原因。

同样,由算法 3(TOPOLOGICAL-SORT)和算法 4(COMPUTE-MINIMUM-COST)可知,如果拓扑排序向量 **Vec** 中存在更多候选节点,就意味着从 n_s 到 n_e 涉及的节点更多,运行时间将会相对更多,这是由于算法 3(TOPOLOGICAL-SORT)可能具有更大的深度而且算法 4(COMPUTE-MINIMUM-COST)可能必须执行更多的迭代。这就是为什么在图 6-4 所示的每组实验中,当 **Vec** 中的候选节点数增加时,平均运行时间会增加的原因。

从图 6-3 和图 6-4 所示中可以看出,即使 **Vec** 中的路径数或节点数很大,我们的算法也是有效的。此外,还可以看出我们的算法相对于候选路径数是可扩展的。

3. 探索 n_s 和 n_e 之间的距离的影响

下面进行了一组以研究 n_s 和 n_e 之间的距离对运行时间的影响的实验。通常,当 n_s 和 n_e 之间的距离增加时,从 n_s 到 n_e 的路径中的边数可能会受到影响。

如果从 n_s 到 n_e 的边的数量增加,那么,

(1)算法 3 的递归深度(TOPOLOGICAL-SORT)较大,因此算法 3 搜索更多的边以遍历 n_e 直到 n_s;

(2)算法 4(COMPUTE-MINIMUM-COST)需要为更多的边迭代计算 $\mathrm{opt}_i(t)$;

(3)最优路径可能包含更多节点,因此算法 5(BACKTRACK-OPTIMAL-ROUTE)需要执行更多迭代以获得整个最优路径。

如上所述,如果 n_s 和 n_e 之间的距离增加,那么运行时间也应增加。在图 6-5 中,对于 OL,TG 和 FLA,n_s 到 n_e 的距离分别为 37～600 km,37～300 km,3～96 km。观察到当在所有道路网络上 n_s 和 n_e 之间的距离增加时,运行时间会增加。这表明我们的算法相对于 n_s 到 n_e 的距离是可伸缩的。同时,观察到即使 n_s 到 n_e 的距离很大,运行时间仍然很小,这证明了我们算法的效率。

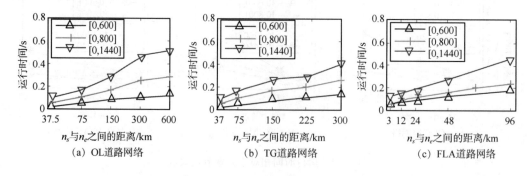

图 6-5　运行时间相对于 n_s 和 n_e 之间的距离

4. 探索时间间隔$[t_d, t_a]$长度的影响

下面进行实验以研究时间间隔$[t_d, t_a]$的长度对运行时间的影响。最早的出发时间 t_d 固定为 0,而最晚的到达时间 t_a 为 600～1440。avglen 是道路网络边缘的平均长度。从表 6-2 所示中可以看出,OL、TG 和 FLA 的 avglen 最初为 73.679、34.9 和 0.2034。

在图 6-6(a)所示中,保持节点数和边数相同,将每个边 e 的长度 len(e)分别设置为 len

$(e)/16$、$\mathrm{len}(e)/8$、$\mathrm{len}(e)/4$、$\mathrm{len}(e)/2$ 和 $\mathrm{len}(e)$。因此，OL 的平均边长分别为 $73.679/16=4.605$、$73.679/8=9.21$、$73.679/4=18.42$、$73.679/2=36.84$ 和 73.679。

在图 6-6(b) 所示中，将每个边 e 的长度 $\mathrm{len}(e)$ 分别设置为 $\mathrm{len}(e)/8$、$\mathrm{len}(e)/4$、$\mathrm{len}(e)/2$、$\mathrm{len}(e)$ 和 $\mathrm{len}(e)\times2$。因此，TG 的平均边长分别变为 $34.9/8=4.363$、$34.9/4=8.726$、$34.9/2=17.45$、34.9 和 $34.9\times2=69.8$。

在图 6-6(c) 所示中，将每个边 e 的长度 $\mathrm{len}(e)$ 分别设置为 $\mathrm{len}(e)$、$\mathrm{len}(e)\times4$、$\mathrm{len}(e)\times8$、$\mathrm{len}(e)\times16$ 和 $\mathrm{len}(e)\times32$。因此，FLA 的 avglen 值为 0.2034；$0.2034\times4=0.8136$；$0.2034\times8=1.6272$；$0.2034\times16=3.2544$ 和 $0.2034\times32=6.5088$。

从图 6-6 所示中可以看出，当时间间隔较大时，运行时间仍然很小，这说明我们的算法是很高效的。观察到，对于不同的 avglen，运行时间随时间间隔长度的增加而增加。原因是算法 4(COMPUTE-MINIMUM-COST) 对每个出发时刻 $T\in[\lambda_i,\theta_i]$ 执行循环（第 19～第 35 行），随着时间间隔 $[t_d,t_a]$ 变宽，间隔 $[\lambda_i,\theta_i]$ 相应地变宽（因为用户具有较宽松的时间约束，并且如果 t_a 变大，则 θ_i 相应地变大）。因此，循环（第 19～第 35 行）包含更多的迭代，需要更多的运行时间。此外，图 6-6 所示表明我们的算法对整个时间间隔长度都是可扩展的。

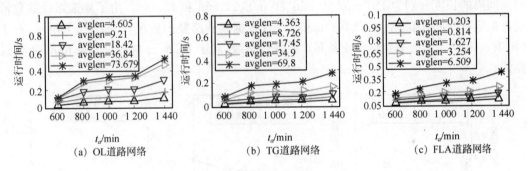

图 6-6　运行时间相对于时间间隔 $[t_d,t_a]$ 长度

5. 探索平均分段数 $f_{i,j}(T)$ 的影响

回想一下，本节的实验采用了公式 (6-14) 中通行费函数的简化模型。这里研究了 $f_{i,j}(T)$ 的分段间隔数对运行时间的影响。令 l 表示公式 (6-14) 中 $T\in[t_d,t_a]$ 的 $f_{i,j}(T)$ 的分段数。我们根据集合 $\{30,100,300,600,1200\}$ 改变 l，而整个时间间隔 $[t_d,t_a]$ 不变。$f_{i,j}(T)$ 的分段间隔的长度设置：如果 $(t_a-t_d)\%l=0$，则每个分段间隔的长度为 $\frac{t_a-t_d}{l}$；否则，将前 $\lfloor l/2\rfloor$ 分段间隔的长度设置为 $\left\lfloor\frac{t_a-t_d}{l}\right\rfloor$，并设置其余的 $\left\lceil\frac{t_a-t_d-\left\lfloor\frac{t_a-t_d}{l}\right\rfloor\cdot\lfloor l/2\rfloor}{\left\lceil\frac{t_a-t_d}{l}\right\rceil}\right\rceil$ 个分段间隔长度为 $\left\lceil\frac{t_a-t_d}{l}\right\rceil$，最后一个间隔的长度是 $\left(t_a-t_d-\left\lfloor\frac{t_a-t_d}{l}\right\rfloor\cdot\lfloor l/2\rfloor\right)\%\left\lceil\frac{t_a-t_d}{l}\right\rceil$。

图 6-7 所示的是运行时间不受 l 的影响。原因是算法 4(COMPUTE-MINIMUM-COST) 在时间间隔 $[\lambda_i,\theta_i]$（第 19 行）中处理每个时间实例 T，与 $f_{i,j}(T)$ 的分段间隔数无关。换句话说，我们的算法对 $f_{i,j}(T)$ 的分段间隔数不敏感，这也是我们的算法允许使用任意通行费函数的原因。

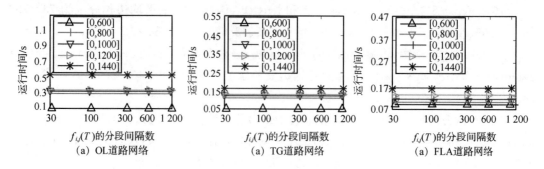

图 6-7 相对于 $f_{i,j}(T)$ 的平均分段间隔数的运行时间

6. 探索 $v_{max}(e,t)$ 的分段间隔数的影响

接下来研究 $v_{max}(e,t)$ 的分段间隔数（即 p）对运行时间的影响。对于 OL 或 TG，将整个时间间隔 $[t_d,t_a]=[0,1440]$ 保持不变，而将 p 的值设置为 120、144、240、360、480、720 和 1440；对于 FLA，p 的值设置为 12、24、48、60 和 96。因此，对于 OL 和 TG，$v_{max}(e,t)$ 的每个分段间隔的长度分别为 12 min、10 min、6 min、4 min、3 min、2 min、1 min；对于 FLA，每个时间间隔的长度分别为 120 min、60 min、30 min、24 min 和 15 min。由于候选路径的数量会影响运行时间，因此使用不同的 n_s 和 n_e 组（根据候选路径的数量）。如图 6-8 所示，对于 OL 和 TG，两组实验分别包含 4 条和 8 条候选路线，对于 FLA，分别包含 3 条和 21 条候选路线。

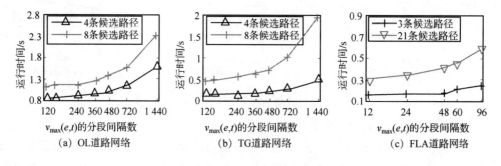

图 6-8 运行时间相对于 $v_{max}(e,t)$ 的分段间隔数

从图 6-8 所示可以看出，运行时间随 $v_{max}(e,t)$ 的段数的增加而增加。这表明我们的算法对 $v_{max}(e,t)$ 的段数敏感且可扩展。这是因为，当 $v_{max}(e,t)$ 的段数较大时，边 e 上的行进时间跨越 $v_{max}(e,t)$ 的更多分段间隔，这意味着 $(m-k+1)$ 变大。在这种情况下，v 和 t 的维数变大，因此算法 1（计算最小燃料成本）必须采取更多步骤来解决非线性编程优化问题（第 1 行），这导致更高的运行时间。注意，在相同条件下，OL 上的运行时间总是比 TG 上的运行时间长。这是因为 OL 的大多数边的长度都比 TG 长。

7. 探索平均边长的影响

在图 6-9 所示中，将运行时间描述为边的平均长度的函数。

（1）对于 OL 道路网络，节点数和边数固定为 6105 和 7035，但每个边 e 的长度 len(e) 设置为 len$(e)/16$、len$(e)/8$、len$(e)/4$、len$(e)/2$、len(e)。因此，OL 中边的平均长度分别为 4.605 km、9.21 km、18.42 km、36.84 km、73.679 km。

（2）对于 TG 道路网络，节点数和边数固定为 18263 和 23874，但是每个边长 e 的长度分别设置为 len(e)/8,len(e)/4,len(e)/2,len(e),len(e)×2。因此,TG 中边的平均长度分别为 4.363 km、8.726 km、17.45 km、34.9 km、69.8 km。

(3)对于 FLA 道路网络,节点数和边数固定为 1 070 376 和 1 456 400,但每个边 e 的长度分别设置为 len(e),len(e)×4,len(e)×8,len(e)×16 和 len(e)×32。因此,FLA 的平均值分别为 0.2034 km、0.8136 km、1.6272 km、3.2544 km、6.5088。

$v_{max}((n_i,n_j),t)$ 的分段间隔数为 24,整个时间间隔 $[t_d,t_a]$ 的范围为 $[0,600]\sim[0,1440]$。如图 6-9 所示,可以发现 ALG-COTER 相对于三个道路网络上的不同平均边长运行速度均较快。此外,如果平均边长较短,那么在三个道路网络上,ALG-COTER 的运行速度会更快。这表明我们的算法高效,对平均边长灵敏且可扩展。

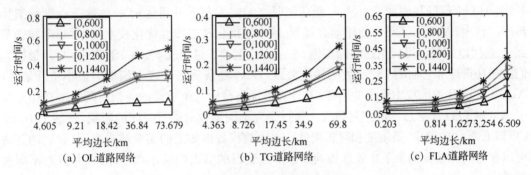

图 6-9　运行时间相对于平均边长

8. 与基线方法的比较

由于 COTER 问题是新颖的,因此在现有工作中没有解决 COTER 的基准方法。但是,为了展示 ALG-COTER 算法的优越性,设计了一种不使用拓扑排序算法的基线方法。

为了区别于 ALG-COTER 方法,将基准方法命名为 BM。BM 也有五个步骤,其前两个步骤和最后一个步骤与 ALG-COTER 相同。ALG-COTER 和 BM 之间的区别在于第三步和第四步。对于第三步,BM 计算从 n_s 到 n_e 的所有可行候选路径,而不是计算候选节点的拓扑顺序。对于第四步,BM 枚举所有候选路径,在每次迭代中,它都使用递推公式来计算后代节点的最优成本函数(OC 函数)的值,直到到达目的的节点 n_e。

将 BM 与 ALG-COTER 算法进行了比较。如图 6-10 所示,BM 的运行时间比 ALG-COTER 的运行时间高得多。因此,得出结论,ALG-COTER 算法比 BM 更有效。这些结果有力地证明了 ALG-COTER 算法的优越性和高效性。

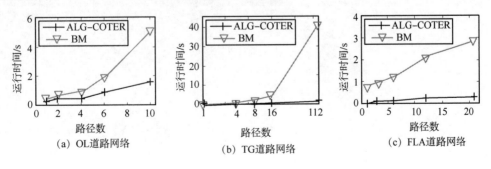

图 6-10　ALG-COTER 与 BM 比较示意

6.4 结　论

本章解决了具有时间和速度约束的时间相关道路网络中成本最优路径查找的问题（COTER）。只允许在某些节点上等待，而在其他一些节点上严格禁止等待，且考虑两种成本，即油耗成本和通行费。当一条边的行进时间固定时，采用非线性规划优化技术来计算该条边的最小油耗成本。允许每个边的通行费函数是任意的单值函数。本章提出一种近似的 ALG-COTER 算法来求解 COTER 问题。ALG-COTER 算法首先使用斐波那契堆优化的 Dijkstra 算法，计算每个节点 n_i 的最早到达时间 λ_i 和每个候选节点 n_i 的最晚到达时间 θ_i。其次，ALG-COTER 对所有可从 n_s 到达同时在时间限制下可到达 n_e 的候选节点进行拓扑排序。再次，ALG-COTER 使用动态规划、最小堆优化和非线性优化技术，针对每个候选节点 n_i 迭代地在每个可行到达时间实例 $t \in [\lambda_i, \theta_i]$ 上计算最优成本（OC）函数 $\text{opt}_i(t)$，根据它们的拓扑排序和它们的 OC 函数的递推公式，在 n_e 处获得最优成本函数的最小值。最后，ALG-COTER 追溯成本最优的路径，并计算最优路径中每个节点的等待时间。本章还分析了 ALG-COTER 算法的时间复杂度。通过研究不同参数对运行时间的影响，评估了 ALG-COTER 算法的效率、灵敏度和可扩展性。在大规模数据集上的实验结果表明，我们的算法可以在时间和速度约束下高效地找到从源节点到目的节点的最小成本路线，并且对不同参数具有可扩展性。

6.5　本章小结

本章对时间相关道路网络中成本最优的路径查找（COTER）问题及解决方案进行了阐述。6.1 节给出了 COTER 问题的相关定义并证明了 COTER 问题是 NP-hard 的问题。6.2 节详细阐述所提出的 ALG-COTER 算法，并分析了其时间复杂度。6.3 节介绍了在 OL、TG、FLA 数据集上进行的实验，验证了所提 ALG-COTER 算法的高效性、可扩展性。6.4 节对本章所提出的算法及实验结果进行了简要总结。

第7章 时间感知道路网络中带约束的节能路径规划

如前所述,道路网络中的路径规划问题是一类重要的基本位置的服务。本章解决了时间感知道路网络中带约束的节能路径规划(CEETAR)问题。

7.1 问 题 表 述

在本节中,给出与道路网络中受约束的节能高效的时间感知路线查询有关的定义。

定义 1(时间感知路网) 时间感知路网图 $G_T = (V, E)$ 由两个有限集 V 和 E 组成,分别表示节点集和边集。令 N 表示节点数 $|V|$,M 表示边数 $|E|$。每个边 $(n_i, n_j) \in E$ 具有三个函数:$EC((n_i, n_j), T)$,$TC((n_i, n_j), T)$,$len(n_i, n_j)$,表示如果在时间 T 离开 n_i,遍历边 (n_i, n_j) 的能耗成本;如果在时间 T 离开 n_i,则在边 (n_i, n_j) 的行进时间;以及边 (n_i, n_j) 的长度。

注意,能耗成本函数和行程时间函数取决于出发时间 T,而长度函数是固定值且与时间无关。

在本文中,采用 CapeCod 速度模式[21]。

定义 2(CapeCod 速度模式) CapeCod(CAtegorized PiecewisE Constant speeD)模式是指这样的速度模式,其中路网每个边上的速度是分段常数函数,定义如下:

$$v(e,t) = \begin{cases} v_0, & t_0 \leqslant t < t_1 \\ v_1, & t_0 \leqslant t < t_2 \\ \vdots \\ v_{p-1}, & t_{p-1} \leqslant t \leqslant t_p \end{cases} \tag{7-1}$$

定义 3(能耗因子 EF) 基于先前的研究[27],使用式(7-2)来计算能量消耗因子 EF(g/km),它表示每千米消耗了多少克燃料。式中,v 是平均速度;a, b, c, d 是系数。

$$EF = \frac{a}{v} + b + cv + dv^2 \tag{7-2}$$

在计算其导数之后,可以发现当 $v = v^*$ 时,可以实现最小能耗因子。当 $v \leqslant v^*$ 时,较大的 v 引起较小的 EF,较小的 v 引起较大的 EF;当 $v > v^*$ 时,较大的 v 引起较大的 EF,而较小的 v 引起较小的 EF。在文献[21]中,一个用于计算能耗的示例方程式因子:$EF = 119/v + 16.9 - 0.25v + 1.72 \times 10^{-3} \times v^2$,燃油消耗因子在图 7-1 中显示为平均速度 v 的函数。

定义 4(能耗成本函数 $EC((n_i, n_j), T)$) 给定边 $e = (n_i, n_j) \in E$ 且离开时间为 T,该边上的能耗成本用 $EC((n_i, n_j), T)$ 表示,由式(7-3)给出,其中 $v(T)$ 表示在该边上的平均速度与出发时间 T 的关系。

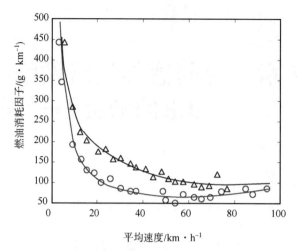

图 7-1　相对于平均速度的油耗系数[21]

$$\mathrm{EC}((n_i,n_j),T)=EF\times\mathrm{len}(n_i,n_j)$$

$$=\left[\frac{a}{v(T)}+b+c+d(v(T))^2\right]\times\mathrm{len}(n_i,n_j) \tag{7-3}$$

对于任何给定的边(n_i,n_j)，其长度都是固定值，因此可以通过设置$v=v^*$来获得最小的能耗成本，并且对于$v>v^*$，较大的v会引起较大的能耗成本。

定义 5［行进时间函数$\mathrm{TC}((n_i,n_j),T))$］　给定边$e=(n_i,n_j)\in E$且出发时间为$T$，假设$v$是边$(n_i,n_j)$上的平均速度，则该边上的行进时间由$\mathrm{TC}((n_i,n_j),T)$表示为

$$\mathrm{TC}((n_i,n_j),T)=\frac{\mathrm{len}(n_i,n_j)}{v(T)} \tag{7-4}$$

从公式 7-4 可知，平均速度越大，行驶时间越短。

定义 6（能耗—时间的折中）　从定义 4 和定义 5 可知，当$v>v^*$时，较大的v会导致较大的能耗成本，但行进时间较短，而较小的v会导致较小的能耗成本，但行进时间较长。因此，得出结论，存在能耗—时间的折中。

讨论：在式(7-3)的导数之后，可以发现当速度属于较低的区间时，能耗成本相对于速度降低；然后，当速度超过某个阈值时，能耗成本相对于速度会增加。但是，行进时间相对于速度单调降低。因此，当速度大时，行进时间小，但是能耗成本可能仍然大。这表明，对于行进时间和能耗成本，将一个最小化并不能获得另一个的最小化的值。

定义 7［路线R的能耗成本$\mathrm{EC}(R,T)$］　给定路线$R=n_1\rightarrow n_2\rightarrow\cdots\rightarrow n_j$且出发时间为$T$，则$R$的能耗成本由下式递归算出：

$$\mathrm{EC}(R,T)=\mathrm{EC}((n_1,\cdots,n_j),T)=\mathrm{EC}((n_2,\cdots,n_j),(T+\mathrm{TC}((n_1,n_2),T)))+\mathrm{EC}((n_1,n_2),T)$$

定义 8［路线R的行驶时间$\mathrm{TC}(R,T)$］　给定路线$R=n_1\rightarrow n_2\rightarrow\cdots\rightarrow n_j$且出发时间为$T$，路线$R$的旅行时间成本由下式递归给出：

$$\mathrm{TC}(R,T)=\mathrm{TC}((n_1,\cdots,n_j),T)=\mathrm{TC}((n_2,\cdots,n_j),(T+\mathrm{TC}((n_1,n_2),T)))+\mathrm{TC}((n_1,n_2),T)$$

定义 9［FIFO(先进先出)］　时间感知的图$G(V,E)$是 FIFO 图，当且仅当所有边都具有

FIFO 属性。边(n_i, n_j)具有 FIFO 属性,当且仅当对于 $t_1 \leqslant t_2$,有 $t_1 + TC((n_i, n_j), t_1) \leqslant t_2 + TC((n_i, n_j), t_2)$,其中 $TC((n_i, n_j), T)$表示在时间 T 离开 n_i 时在边(n_i, n_j)上的行进时间。

正式地,本章给出了道路网络中带约束的节能高效的时间感知路径规划问题(Constrained Energy-Efficient Time-Aware Route Query,CEETAR)的定义。

定义 10(CEETAR) 给定时间感知道路网络 G_T,起点 n_s,终点 n_e,出发时间 T 和行驶时间预算Δ,则该查询可记作$< n_s, n_e, \Delta, T, G_T >$,考虑了时间感知的能耗成本和行驶时间成本,目的是找到节能路线 R,使得

$$R = \mathrm{argmin}_R EC(R, T)$$

（subject to） $TC(R, T) \leqslant \Delta$

该查询返回 G_T 中的一条路线 R,该路线 R 以出发时间 T 从 n_s 开始,在 n_e 结束,这样 R 在满足旅行时间预算约束 $TC(R, T) \leqslant \Delta$ 的约束下使 $EC(R, T)$ 最小。

定理 1 解决 CEETAR 查询的问题是 NP 难的。

证明:CEETAR 查询可以从文献[14]提出的 NP 难的加权约束最短路径问题(称为WCSPP)简化而来。WCSPP 的目标是找到一条长度最短且总权重不超过指定值的路线。CEETAR 问题可以看作 WCSPP 的扩展。如果忽略时间 t,那么 CEETAR 问题将变成WCSPP。

定义 11(候选节点) 候选节点是指从源节点 n_s 可以到达,并同时可以到达目的节点 n_e 的节点。

在本章中涉及的符号的含义如表 7-1 所示。

表 7-1 记号

符号	含义
$\alpha_{i,j,t}$	如果在时间 t 离开 n_i,则从 n_i 到 n_j 的能耗最小的路径
$EC(\alpha_{i,j,t}, t)$	路径 $\alpha_{i,j,t}$ 的能耗成本
$TC(\alpha_{i,j,t}, t)$	路径 $\alpha_{i,j,t}$ 的行驶时间
$\beta_{i,j,t}$	若在时间 t 离开 n_i,则从 n_i 到 n_j 的行进时间最少的路径
$EC(\beta_{i,j,t}, t)$	路径 $\beta_{i,j,t}$ 的能耗成本
$TC(\beta_{i,j,t}, t)$	路径 $\beta_{i,j,t}$ 的行驶时间
d	路网 G_T 的最大出度
ec_{max}	所有时间区间上所有边中的能耗成本的最大值,$ec_{max} = \max\limits_{(n_i, n_j) \in E, t_0 \leqslant t \leqslant t_p} \{EC((n_i, n_j), t)\}$
ec_{min}	所有时间区间上所有边中的能耗的最小值,$ec_{min} = \min\limits_{(n_i, n_j) \in E, t_0 \leqslant t \leqslant t_p} \{EC((n_i, n_j), t)\}$
tc_{min}	所有时间区间上所有边中每个边的最短行进时间,$tc_{min} = \min\limits_{(n_i, n_j) \in E, t_0 \leqslant t \leqslant t_p} \{TC((n_i, n_j), t)\}$
$N^-(n_j)$	n_j 的传入邻居的节点集

7.2 算　　法

在本节中,提出了解决 CEETAR 问题的算法。在 7.2.1 节中介绍了预处理步骤,在7.2.2 节中介绍了作为基准的蛮力破解方法。在 7.2.3 中先提出动态规划解决方案,后提

出了具有可证明的近似界限的使用了缩放策略的近似算法 ECScaling,并在 7.2.4 节中分析 ECScaling 算法的时间复杂度。在第 7.2.5 节中提出了一种贪心算法。

7.2.1 预处理

在预处理步骤中,预先计算 d,ec_{max},ec_{min} 和 tc_{min} 的值以及候选节点集合 Candi_Nodes。此外,对于每个候选节点 n_i,还计算 $EC(\alpha_{s,i,T},T)$,$TC(\alpha_{s,i,T},T)$,$EC(\alpha_{i,e,T+TC(\alpha_{s,i,T},T)},T+TC(\alpha_{s,i,T},T))$ 和 $TC(\alpha_{i,e,T+TC(\alpha_{s,i,T},T)},T+TC(\alpha_{s,i,T},T))$,供以后使用。

(1)d 的计算很简单,因此在此省略。

(2)ec_{max} 的计算如下:对于每条边 e,从公式(7-1)中,选择最大速度 $v_{max}=\max\limits_{t}\{v(e,t)\}=\max\limits_{0\leqslant i\leqslant p-1}\{v_i\}$,最小速度 $v_{min}=\min\limits_{t}\{v(e,t)\}=\min\limits_{0\leqslant i\leqslant p-1}\{v_i\}$。然后,由公式(7-2)和图 7-1 可知,最大的能耗成本只能在 v_{max} 或 v_{min} 处取得。因此,在将 $v=v_{max}$ 和 $v=v_{min}$ 分别代入公式(7-3)之后,获得了边 e 上的两个能耗成本值。选择较大的值作为边 e 上能耗成本的上界,注意,此处枚举了所有边并选取最大值作为 ec_{max}。

ec_{min} 的计算类似于 ec_{max} 的计算。

同样地,根据公式(7-4),可以基于不同的速度计算每个边上的行进时间,选择每个边的最小行进时间为 tc_{min}。

为了计算候选节点集合 Candi_Nodes,采取两个步骤:首先,从源节点 n_s,使用单源最短路径算法来计算可以从单个源 n_s 到达的节点的集合 A。其次,从目标节点 n_e 使用单源最短路径算法,基于第一步计算出的集合 A 中,选择可以到达目标节点 n_e 的那些节点的集合 B。既在集合 A 又同时在集合 B 中的节点称为候选节点。

对于每个候选节点 n_i,使用单源最短路径算法来计算从源 n_s 到 n_i 的最小能耗成本路径,即 $\alpha_{s,i,T}$,从而获得 $EC(\alpha_{s,i,T},T)$ 和 $TC(\alpha_{s,i,T},T)$。同样,还使用单源最短路径算法来计算从节点 n_i 到目标节点 n_e 的最小能耗成本路径,即 $\alpha_{i,e,T+TC(\alpha_{s,i,T},T)}$,因此获得了 $EC(\alpha_{i,e,T+TC(\alpha_{s,i,T},T)},T+TC(\alpha_{s,i,T},T))$ 和 $TC(\alpha_{i,e,T+TC(\alpha_{s,i,T},T)},T+TC(\alpha_{s,i,T},T))$。

7.2.2 作为基准的蛮力求解法

首先用一种蛮力求解方法来解决 CEETAR,将此方法作为基准方法便于对比。假设从源节点 n_s 的离开时间为 T。枚举了从源节点 n_s 到目标节点 n_e 的所有路径。假设到达节点 n_i 时,当前行进时间为 tc。因此,离开节点 n_i 的出发时间为 $T+tc$。因此,对于 n_i 的每个传出边 (n_i,n_j),如果 $tc+TC((n_i,n_j),(T+tc))\leqslant\Delta$,就意味着总行驶时间在时间预算 Δ,其中 $TC((n_i,n_j),(T+tc))$ 指的是在遍历边 (n_i,n_j) 所需的行进时间,可以通过公式(7-4)获得,然后将当前路线扩展到 n_j。这样,在检查了从源节点到目标节点的所有路径之后,选择能耗成本最小的那条路径作为 CEETAR 的答案。

显然,在密集的道路网络中,这种蛮力方法在计算上令人望而却步。给定查询 $<n_s,n_e,\Delta,T,G_T>$,最大出度 d,以及遍历一条边所需的最短时间,即 tc_{min},在搜索中经过的路线中的边数最多为 $\lfloor\frac{\Delta}{tc_{min}}\rfloor$。因此,这种作为基线方法的蛮力求解法,其时间复杂度最坏情况下是 $O(d^{\lfloor\frac{\Delta}{tc_{min}}\rfloor})$。

7.2.3 通用动态规划解决方案:标签设置算法

在第7.2.2节中讨论的基准蛮力求解方法的主要问题在于,它在每个节点上存储的部分路径太多。为了解决这个问题,提出了一种通用的动态规划算法,即标签设置算法,可以剪枝掉许多部分路径,并可应用于任何类型的道路网络。

1. 标签设置算法的有用定义

基于解决原始 WCSPP 的标签设置方法[12],提出如下标签设置方法。标签设置算法与文献[12]中的算法的区别在于,考虑了时间相关的行驶速度、燃料成本以及行进时间,因此每个边的权重都依赖于时间,因此与 WCSPP 绝对不同。

首先,为标签设置算法给出一些定义。

定义 12(节点标签) 在每个节点 n_i,维护一组标签。我们使用 L_{i_k} 表示节点 n_i 的第 k 个标签,它对应于从源节点 n_s 到节点 n_i 的一条路径 P_{i_k}(第 k 个路径)。标签 L_{i_k} 是一个三元组,用 $L_{i_k}=(t,ec,tc)$ 表示,其中,$L_{i_k}.t$ 表示从源节点 n_s 出发的时间。$L_{i_k}.ec$ 和 $L_{i_k}.tc$ 分别代表路径 P_{i_k} 的能耗成本和行驶时间。

定义 13(标签主导) 给定在同一节点 n_i 处的两个标签 L_{i_k} 和 L_{i_l},它们分别对应于从源节点 n_s 到节点 n_i 的两条不同路径,即 P_{i_k} 和 P_{i_l}。如果 $L_{i_k}.ec \leqslant L_{i_l}.ec$ 并且 $L_{i_k}.tc \leqslant L_{i_l}.tc$,那么 L_{i_k} 主导 L_{i_l}。

定义 14(标签扩展) 给定节点 n_i 处的标签 L_{i_k},标签扩展操作将对于 G_T 中从节点 n_i 开始的每个传出相邻节点 n_j 生成新标签 $L_{j_m}=(t,L_{i_k}.ec+EC((n_i,n_j),(t+L_{i_k}.tc)),L_{i_k}.tc+TC((n_i,n_j),(t+L_{i_k}.tc)))$。

标签扩展步骤将 n_i 处的部分路径 P_{i_k} 扩展到它的每个传出邻居节点,从而生成更长的路径。此步骤与标签主导属性协同工作。

定义 15(标签序列) 假设有两个标签 L_{i_k} 和 L_{j_m},它们分别对应于从源节点 n_s 到 n_i 以及从源节点 n_s 到 n_j 的两条不同路径。如果 $L_{i_k}.ec < L_{j_m}.ec$ 或 ($L_{i_k}.ec == L_{j_m}.ec$ 且 $L_{i_k}.tc < L_{j_m}.tc$),那么 L_{i_k} 的排序比 L_{j_m} 低,表示为 $L_{(i_k)} \prec L_{(j_m)}$。

标签设置算法的具体操作见算法 1。

算法 1 标签设置算法

输入:n_s,n_e,Δ,T,G_T

输出:一条节能路径 R

1 初始化一个最小优先队列 Q;

2 $U \leftarrow \infty$;

3 LL←NULL;

4 在节点 n_s 创建一个标签:$L_{s_0} \leftarrow (T,0,0)$;

5 for G_T 中除 n_s 外的每个节点 n_i do

6 | $L_i \leftarrow \varnothing$;

7 end

8 for G_T 中的每个节点 n_i do

9 | $Treated_i = \varnothing$;

10 end

11 Q. enqueue(L_{s_0});

12 while l do

13   if 不存在任何标签 l 没有被扩展（处理），其中 $l \in L_i$，对任何一个 $n_i \in V$ then

14   return P_{e_k}，其中，$L_{e_k}. \text{ec} = \min\limits_k \{ L_{e_k}. \text{ec} \}$

15   end

16   else

17    $L_{i_k} = Q. \text{dequeue()}$;

18   end

19   for 从节点 n_i 出发的每条边 (n_i, n_j) do

20   if $L_{i_k}. \text{tc} + \text{TC}((n_i, n_j), T + L_{i_k}. \text{tc}) \leqslant \Delta$ then

21   进行标签扩展操作使用 L_{i_k} 为节点 n_j 生成新标签 L_{j_m};

22   if 节点 n_j 上没有标签主导 L_{j_m} and $L_{j_m}. \text{tc} + \text{TC}(\beta_{j,e,(T+L_{j_m}. \text{tc})}, (T + L_{j_m}. \text{tc})) \leqslant \Delta$ and $L_{j_m}. \text{ec} + \text{EC}(\alpha_{j,e,(T+L_{j_m}. \text{tc})}, (T + L_{j_m}. \text{tc})) \leqslant U$ then

23      $U \leftarrow L_{j_m}. \text{ec} + \text{EC}(\alpha_{j,e,(T+L_{j_m}. \text{tc})}, (T + L_{j_m}. \text{tc}))$;

24      $LL \leftarrow L_{j_m}$;

25   end

26   Q. enqueue(L_{j_m});

27     $L_j. \text{push\_back}(L_{j_m})$;

28   end

29   end

30   设置 $\text{Treated}_i \leftarrow \text{Treated}_i \bigcup \{k\}$

31 end

32 if U 是 ∞ then

33   return "不存在可行路径！"

34 end

35 else

36   return 对应于标签 LL 的路径 R

37 end

2. 标签设置算法的主要思想

该算法通过标签扩展操作扩展所有标签的集合，该操作沿所有传出边生成一个新的标签。最初，使用 U 表示当前的能耗成本上界，使用 LL 表示与当前最佳路径相对应的标签。

首先，节点 n_s 上只有一个标签 $L_{s_0} = (T, 0, 0)$，而在任何其他节点 n_i 上都没有标签，即 $L_i \leftarrow \varnothing$，其中 L_i 表示节点 n_i 上的标签集合。使用 Treated_i 来表示节点 $n_i \in G_T$ 处已通过标签扩展操作的标签集。最初，对于每个节点 $n_i \in G_T$，Treated_i 是 $\varnothing$。然后，将第一个标签 $L_{s_0} = (T, 0, 0)$ 推入优先级队列 Q。

其次，使用"while"循环来处理每个标签。如果所有标签都已扩展，那么算法退出并返

回从源 n_s 到目的地 n_e 的路径 P_{e_k}，该路径对应于标签 L_{e_k}，其能耗成本（即 $L_{e_k}.\text{ec}$）最小。否则，从 Q 出列标签 L_{i_k}。

最后，对于从节点 n_i 开始的每个传出边，如果当前行进时间 $L_{i_k}.\text{tc}$ 加上边 (n_i,n_j) 的行进时间，即 $\text{TC}((n_i,n_j),(T+L_{i_k}.\text{tc}))$ 不大于 Δ，然后执行标签扩展操作以在节点 n_j 处生成新标签 L_{j_m}。如果标签 L_{j_m} 没有在节点 n_j 处由其他标签主导，同时 $L_{j_m}.\text{tc}+\text{TC}(\beta_{j,e,(T+L_{j_m}.\text{tc})},(T+L_{j_m}.\text{tc}))\leqslant\Delta$ 表示当前行进时间加上从 n_j 到目标节点 n_e 的最短时间部分路径的剩余旅行时间满足旅行时间预算，同时 $L_{j_m}.\text{ec}+\text{EC}(\alpha_{j,e,(T+L_{j_m}.\text{tc})},(T+L_{j_m}.\text{tc}))\leqslant U$，这意味着当前能耗成本加上从 n_j 到 n_e 的最小能耗路径的剩余能耗成本不大于当前上限 U，则使用 $L_{j_m}.\text{ec}+\text{EC}(\alpha_{j,e,(T+L_{j_m}.\text{tc})},(T+L_{j_m}.\text{tc}))$ 更新 U，并使用 L_{j_m} 更新 LL。之后，将标签 L_{j_m} 推入 Q 和 L_j。

对于标签 L_{i_k}，在处理完 n_i 的每个传出边后，使用 $\text{Treated}_i\bigcup\{k\}$ 更新集合 Treated_i，这意味着标签 L_{i_k} 已被扩展。

该算法的复杂度可以由 $O(|E|\Delta)$ 限界。

7.2.4　近似算法 ECScaling

为了进一步减少在每个节点存储的部分路径的数量，提出了多项式近似算法 ECScaling，旨在提高在第 7.2.3 小节中提出的标签设置算法的效率。

注意，近似算法 ECScaling 使用了在第 7.2.1 小节中提到的预处理结果。

1. ECScaling 中的缩放技术

在 ECScaling 中，为了减少部分路线的数量，通过引入参数 ε 将在不同出发时间区间的每个边的能耗成本值缩放为整数。缩放有助于剪枝掉许多部分路径并对部分路径的数量进行限界（将在本小节的 4 中解释使用缩放的详细原因）。借助缩放技术，进一步设计了一种新颖的算法，该算法时间复杂度是关于行进时间预算 Δ、$\frac{1}{\varepsilon}$ 以及 G_T 的节点数和边数的多项式。此外，缩放比例可确保此算法始终返回能耗成本不超过最佳路径能耗成本的 $\frac{1}{1-\varepsilon}$ 倍的路径。

定义一个比例因子 $\lambda=\dfrac{\varepsilon\cdot\text{ec}_{\min}\cdot\text{tc}_{\min}}{\Delta}$，其中 $\text{ec}_{\min}$ 和 $\text{tc}_{\min}$ 是在第 7.2.1 节中预计算的两个值，分别代表在所有时间区间中所有边的能耗成本的最小值以及所有时间区间中所有边的行驶时间的最小值，ε 属于 $(0,1)$。然后，对于每个边 (n_i,n_j)，将其能耗成本函数 $\text{EC}((n_i,n_j),t)$ 缩放为 $\widehat{\text{EC}}((n_i,n_j),t)=\left\lfloor\dfrac{\text{EC}((n_i,n_j),t)}{\lambda}\right\rfloor$，其中 $\widehat{\text{EC}}((n_i,n_j),t)$ 表示其缩放后的能耗成本。这样，可获得一个原图的缩放图，该缩放图具有缩放过的能耗成本函数，将该缩放图表示为 G_S。

2. 缩放标签的相关定义

下面对缩放标签给出一些重要定义。注意，这些缩放标签与 1 中定义的节点标签不同。

定义 16（缩放节点标签）　为每个节点 n_i 维护一个缩放标签列表。使用 SL_{i_k} 表示节点 n_i 的第 k 个缩放标签，它对应于从源节点 n_s 到节点 n_i 的一条路径（第 k 个路径）P_{i_k}。缩放标签 SL_{i_k} 是一个四元组，用 $\text{SL}_{i_k}=(t,\widehat{\text{ec}},\text{ec},\text{tc})$ 表示，其中 $\text{SL}_{i_k}.t$ 表示从源节点 n_s 出发的时间，$\text{SL}_{i_k}.\widehat{\text{ec}}$、$\text{SL}_{i_k}.\text{ec}$ 和 $\text{SL}_{i_k}.\text{tc}$ 分别代表缩放的能耗成本、原始能耗成本和路径 P_{i_k} 的旅行时间成本、其中 $\text{SL}_{i_k}.\widehat{\text{ec}}=\left\lfloor\dfrac{\text{SL}_{i_k}.\text{ec}}{\lambda}\right\rfloor$。

定义 17（缩放标签主导） 给定 SL_{i_k} 和 SL_{i_l} 两个缩放标签在同一节点 n_i 上，则它们分别对应于从源节点 n_s 到节点 n_i 的两条不同路径，即 P_{i_k} 和 P_{i_l}。如果 $SL_{i_k}.\widehat{ec} \leqslant SL_{i_l}.\widehat{ec}$ 并且 $SL_{i_k}.tc \leqslant SL_{i_l}.tc$，那么我们说 SL_{i_k} 主导 SL_{i_l}。

定义 18（缩放标签扩展） 对于节点 n_i 处的缩放标签 SL_{i_k}，为 G_T 中节点 n_i 的每个传出相邻节点 n_j 生成新标签 $SL_{j_m} = (t, SL_{i_k}.\widehat{ec} + \widehat{EC}((n_i, n_j), (t + SL_{i_k}.tc)), SL_{i_k}.ec + EC((n_i, n_j), (t + SL_{i_k}.tc)), SL_{i_k}.tc + TC((n_i, n_j), (t + SL_{i_k}.tc)))$。

缩放标签扩展步骤将 n_i 处的部分路径 P_{i_k} 扩展到它的每个传出邻居节点，从而生成更长的路径。此步骤与缩放标签的主导属性协同工作。

定义 19（缩放标签序列） 给定两个缩放标签 SL_{i_k} 和 SL_{j_m}，它们分别对应于从源节点 n_s 到 n_i 和 n_j 的两条不同路径。一般 SL_{i_k} 比 SL_{j_m} 次序低，表示为 $SL_{i_k} \prec SL_{j_m}$，当且仅当 $SL_{i_k}.\widehat{ec} < SL_{j_m}.\widehat{ec}$ 或（$SL_{i_k}.ec == SL_{j_m}.ec$ 并且 $SL_{i_k}.tc < SL_{j_m}.tc$）。

注意，使用缩放策略将边的原始能耗成本缩放为整数，因此不同的原始能耗成本值可能会导致相同的缩放能耗成本值。如果一个缩放标签主导另一个缩放标签，那么可以忽略具有被主导缩放标签的部分路径，这有助于剪枝掉那些需存储和扩展的不必要的路径。注意，缩放标签主导步骤利用的是缩放后的能耗成本，而不是原始能耗成本。因此，给定两条路径，如果第二条路径的原始能耗成本小于第一条路径，它们可能仍具有相等的缩放后的能耗成本，在这种情况下，与第二条路径相对应的缩放标签可能会被对应于第一条路径的缩放标签主导，这样第二条路径可能会被剪枝掉。因此说这种算法 ECScaling 是一种近似算法。

3. ECScaling 算法的主要思想

下面介绍基于缩放标签的算法 ECScaling。下述算法 2 中概述了该算法的伪代码。给定查询 $<n_s, n_e, \Delta, T, G_T>$，ECScaling 算法返回满足时间预算的节能路线 R。

算法 2　ECScaling 算法

输入：$n_s, n_e, \Delta, T, G_T, G_S$

输出：一条节能路径 R

1　初始化一个最小优先队列 Q；

2　$U \leftarrow \infty$；

3　$LL \leftarrow NULL$；

4　创建一个缩放标签：$SL_{s_0} \leftarrow (T, 0, 0, 0)$；

5　$Q.enqueue(SL_{s_0})$；

6　while Q 非空 do

7　　$SL_{i_k} \leftarrow Q.dequeue()$；

8　　if $SL_{i_k}.ec + EC(\alpha_{i,e,(T+SL_{i_k}.tc)}, (T + SL_{i_k}.tc)) > U$ then

9　　　　continue；

10　　end

11　　for 从节点 n_i 出发的每条边 (n_i, n_j) do

12　　　　进行缩放标签扩展操作使用 SL_{i_k} 为节点 n_j 生成新缩放标签 SL_{j_m}；

13　　　　if 节点 n_j 上没有缩放标签主导 SL_{j_m} and $SL_{j_m}.tc + TC(\beta_{j,e,(T+SL_{j_m}.tc)}, (T + SL_{j_m}.tc)) \leqslant \Delta$ and $SL_{j_m}.ec + EC(\alpha_{j,e,(T+SL_{j_m}.tc)}, (T + SL_{j_m}.tc)) \leqslant U$ then

```
14          if SL_{j_m}.tc+TC(α_{j,e,(T+SL_{j_m}.tc)},(T+SL_{j_m}.tc))⩽Δthen
15              U←SL_{j_m}.ec+EC(α_{j,e,(T+SL_{j_m}.tc)},(T+SL_{j_m}.tc));
16              LL←SL_{j_m};
17              Q.enqueue(SL_{j_m});
18          end
19          else
20              Q.enqueue(SL_{j_m});
21          end
22      end
23   end
24 end
25 if U 是∞ then
26   return "不存在可行路径!"
27 end
28 else
29   return 对应于缩放标签 LL 的路径 R
30 end
```

　　首先为源节点 n_s 创建一个缩放标签,然后根据定义18生成新的不能被现有缩放标签所主导的缩放标签。为了生成新的缩放标签,根据定义19持续选择顺序最小的标签。如果新的缩放标签被其他缩放标签主导,那么将忽略新的缩放标签;否则,这些新的缩放标签可用于检测和删除由它们所主导的缩放标签。重复该过程,直到生成了目标节点 n_e 处的所有缩放标签。最后,返回这样的一条路线 R,该路线 R 的缩放标签具有最小的能耗成本并满足旅行时间预算。

　　在算法2中,为了存储缩放标签,利用优先级队列 Q。Q 中的缩放标签根据定义19中定义的缩放标签顺序进行排序。令 U 表示当前能耗成本的上限,LL 表示当前最优路径的最后一个缩放标签。在初始状态下,将 U 设置为∞,将 LL 设置为 NULL。把在源节点创建的第一个缩放标签 SL_{s_0} 排队到 Q 中。如果队列为空,将停止从 Q 出列缩放标签。在 while 循环(第6~第24行)中,首先从 Q 移出具有最小缩放标签顺序的缩放标签 SL_{i_k}。注意,在节点 n_i 处给定缩放标签SL_{i_k} 时,回顾定义16,可知缩放标签 SL_{i_k} 的行进时间是 $SL_{i_k}.tc$,因此从 n_i 出发的时间应该是$(T+SL_{i_k}.tc)$。如果SL_{i_k} 的部分能耗成本加上最小的能耗成本 $EC(α_{i,e,(T+SL_{i_k}.tc)},(T+SL_{i_k}.tc))$ 大于当前上限 U(第8行),则忽略这个缩放标签。否则(第11~第23行),对于 n_i 的每个传出边(n_i,n_j),根据定义18(第12行)为节点 n_j 生成新的缩放标签SL_{j_m}。如果SL_{j_m} 由 n_j 处的其他缩放标签主导,则忽略SL_{j_m}。否则(第13行),如果缩放标签 SL_{j_m} 的行进时间加上从 n_j 到 n_e 的最小行进时间路径的行进时间,即 TC $(β_{j,e,(T+SL_{j_m}.tc)},(T+SL_{j_m}.tc))$,(注意,给定标签$SL_{j_m}$,缩放标签$SL_{j_m}$ 的行进时间为$SL_{j_m}.tc$,因此从 n_j 出发的时间应为$(T+SL_{j_m}.tc)$),不大于行进时间预算 $Δ$,并且SL_{j_m} 的能耗成本加上从 n_j 到 n_e 的最小能耗成本路径的能耗成本小于当前能耗成本上限 U,那么在第14行中,进一步检查SL_{j_m}.tc 加上从节点 n_j 到目标节点 n_e 的所有路径中能耗成本最小的部分路径

$\alpha_{j,e,((T+SL_{j_m}.tc)}$的行进时间成本是否小于或等于$\Delta$。如果是这样，使用$SL_{j_m}.ec$加上$\alpha_{j,e,(T+SL_{j_m}.tc)}$的能耗成本的总和来更新第15行的能耗成本上限$U$，并在第16行将LL设置为$SL_{j_m}$，同时将在第17行将缩放标签$SL_{j_m}$放入$Q$中；否则（第19～第21行），仅将缩放标签$SL_{j_m}$放入$Q$。最后，如果在while循环之后（第25～第27行）U仍为∞，那么不存在可行的路径；否则（第28～第30行），返回对应于缩放标签LL的路径R。

4. 讨论：缩放的原因

在本小节中，介绍为什么要使用缩放技术。

一条边的能耗成本数值通常是实数而不是整数。在缩放之后，可以将不同的数值缩放到相同的一个整数。在ECScaling（算法2的第13行）中，使用缩放标签主导来剪枝掉不必要的缩放标签。如果节点n_i处的标签SL_{i_k}主导了其他一些缩放标签，这意味着$SL_{i_k}.\widehat{ec}$小于其他缩放标签缩放后的能耗成本，因为一个缩放后的能耗成本可能对应于许多原始能耗成本值，因此通过使用缩放标签主导，可以剪枝掉许多具有较大的缩放能耗成本的局部路径。因此，该步骤大大减少了搜索空间，从而加速了算法。

从相反的角度来看，如果不对能耗成本进行缩放，就意味着在标签主导步骤中直接使用了原始能源成本，且一个缩放标签仅对应一条局部路径。因此只能剪枝掉一条部分路径。

5. 运行示例

考虑图7-2所示中给出的示例图，查询$<n_0,n_6,1,8:00,G_T>$需要从n_0到n_6的节能路线，如果在8:00离开n_0，那么其旅行时间不超过时间预算1 h。设ε为0.5，$EF=\frac{119}{v}+16.9-0.025v+1.72\times10^{-3}v^2$。不同时间段内每条边的速度遵循CapeCod模式，并在表7-2中给出。

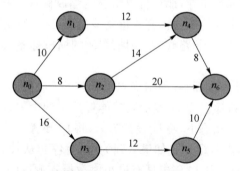

图7-2 G_T的一个示例

注：每条边上方的数字表示每条边的长度。

首先，预计算$ec_{min}=88.64$，$tc_{min}=0.16$ h，然后$\lambda=\dfrac{\varepsilon \cdot ec_{min} \cdot tc_{min}}{\Delta}=0.5\times88.64\times0.16/1=7.0912$。

接下来，遵循算法2中所示的ECScaling算法。

最初，在源节点n_0上创建一个缩放标签$SL_0=(8:00,0,0,0)$并将其排队到优先级队列Q中。将其从Q中出队后，在n_0的所有传出邻居节点上生成以下三个缩放标签：SL_{1_0}，SL_{2_0}，SL_{3_0}。对于缩放标签SL_{1_0}，它满足第13行和第14行的"if"条件，因此根据第15行，将上限U更新为$SL_{1_0}.ec+EC(\alpha_{1,6,(T+SL_{1_0}.tc)},(T+SL_{1_0}.tc))=185.38+151.524+88.64=425.544$，并且LL被更新为$SL_{1_0}$。这样得到了一条可行的路线$n_0\rightarrow n_1\rightarrow n_4\rightarrow n_6$。将缩放标

签 SL_{1_0} 排队到 Q 中。对于缩放标签 SL_{2_0}，它也满足第 13 行和第 14 行中的"if"条件，因此根据第 15 行，将 U 更新为 $SL_{2_0}.ec + EC(\alpha_{2,6,(T+SL_{2_0}.tc)}, (T + SL_{2_0}.tc)) = 148.304 + (50.508 + 110.8 + 88.64) = 398.252$，并且 LL 更新为 SL_{2_0}。因此，得到了更好的可行路线：$n_0 \rightarrow n_2 \rightarrow n_4 \rightarrow n_6$。然后，将缩放标签 SL_{2_0} 排队到 Q 中。注意，由于缩放标签 SL_{3_0}，$SL_{3_0}.tc + TC(\beta_{3,6,(T+SL_{3_0}.tc)}, (T + SL_{3_0}.tc)) > \Delta$ 违反了"if"条件，因此 SL_{3_0} 被忽略。

在第二个循环中，选择缩放标签 SL_{2_0}，因为 $SL_{2_0} \prec SL_{1_0}$。然后，在 SL_{2_0} 出队后，对于节点 n_2 的传出边 (n_2, n_4) 和 (n_2, n_6)，生成两个缩放标签 SL_{4_0} 和 SL_{6_0}。由于缩放标签 SL_{4_0} 满足第 13 行和第 14 行的"if"条件，因此将上限 U 更新为 $SL_{4_0}.ec + EC(\alpha_{4,6,(T+SL_{4_0}.tc)}, (T + SL_{4_0}.tc)) = 309.612 + 88.64 = 398.252$，并且 LL 更新为 SL_{4_0}。因此，当前最佳路线也是 $n_0 \rightarrow n_2 \rightarrow n_4 \rightarrow n_6$。将此缩放标签 SL_{4_0} 放入 Q。缩放标签 SL_{6_0} 违反了"if"条件，因为 $SL_{6_0}.ec + EC(\alpha_{6,6,(T+SL_{6_0}.tc)}, (T + SL_{6_0}.tc)) = 412.666 > U$，因此忽略此缩放标签 SL_{6_0}。

在第三个循环中，因为 $SL_{1_0} \prec SL_{4_0}$，所示我们选择缩放标签 SL_{1_0}。然后，在 SL_{1_0} 出队之后，为传出边 (n_1, n_4) 生成另一个缩放标签 SL_{4_1}。

表 7-2　每条边的速度

边	8：30 之前的速度	8：30 之后的速度
(n_0, n_1)	20	40
(n_0, n_2)	20	40
(n_0, n_3)	20	40
(n_1, n_4)	20	40
(n_2, n_4)	40	50
(n_2, n_6)	20	40
(n_3, n_5)	20	40
(n_5, n_6)	20	40
(n_4, n_6)	40	50

缩放标签 SL_{4_1} 不满足"if"条件（算法 2 的第 13 行），因为 $SL_{4_1}.ec + EC(\alpha_{4,6,(T+SL_{4_1}.tc)}, (T + SL_{4_1}.tc)) = 336.904 + 88.64 = 425.544 > U$，因此将忽略缩放标签 SL_{4_1}。

在第四次循环中，选择了缩放标签 SL_{4_0}，因为此时 Q 仅包含一个缩放标签，即 SL_{4_0}。SL_{4_0} 出队后，由于节点 n_4 有传出边 (n_4, n_6)，为节点 n_6 生成了另一个缩放标签 SL_{6_1}。如表 7-3 所示，节点 n_6 处没有缩放标签能够主导 SL_{6_1}。同时，SL_{6_1} 满足算法 2 中第 13 行和第 14 行的"if"条件，因此将上限 U 更新为 $SL_{6_1}.ec + EC(\alpha_{6,6,(T+SL_{6_1}.tc)}, (T + SL_{6_1}.tc)) = 398.252$，并且 LL 更新为 SL_{6_1}。因此，路线 $n_0 \rightarrow n_2 \rightarrow n_4 \rightarrow n_6$ 再次成为最佳路线。然后，将 SL_{6_1} 放入 Q。

在第五次循环中，因为此时 Q 仅包含此缩放标签 SL_{6_1}，所以使 SL_{6_1} 出队。无须采取进一步操作。

最后，由于上限 $U = 398.252$，并且 LL 为 SL_{6_1}（在第四次循环中获得），算法 2 返回路线 $n_0 \rightarrow n_2 \rightarrow n_4 \rightarrow n_6$。

6. ECScaling 的复杂度和近似界

下面将分析 ECScaling 算法的时间复杂度和近似界。

引理 1：令 n_{max} 表示一个节点可能具有的最大缩放标签数，则 $n_{max} = \left\lfloor \frac{\Delta}{tc_{min}} \right\rfloor \left\lfloor \frac{ec_{max} \cdot \Delta}{\varepsilon \cdot ec_{min} \cdot tc_{min}} \right\rfloor$，其中，$\Delta$ 表示旅行时间预算，ε 表示本小节 1 中介绍的参数。表 7-1 中给出了符号 ec_{max}，ec_{min} 和 tc_{min} 的含义，这些符号已在预处理步骤中进行了计算（在第 7.2.1 节中）。

证明：由于旅行时间预算的限制，一条路径中经过的最大边数最多为 $\left\lfloor \frac{\Delta}{tc_{min}} \right\rfloor$。因此，$G_s$ 中一条路径的缩放能耗成本的上界，即 $\left\lfloor \frac{\Delta}{tc_{min}} \right\rfloor \widehat{ec}_{max} = \left\lfloor \frac{\Delta}{tc_{min}} \right\rfloor \left\lfloor \frac{ec_{max}}{\lambda} \right\rfloor = \left\lfloor \frac{\Delta}{tc_{min}} \right\rfloor \left\lfloor \frac{ec_{max} \cdot \Delta}{\varepsilon \cdot ec_{min} \cdot tc_{min}} \right\rfloor$。因此，最多只需要存储 $\left\lfloor \frac{\Delta}{tc_{min}} \right\rfloor \left\lfloor \frac{ec_{max} \cdot \Delta}{\varepsilon \cdot ec_{min} \cdot tc_{min}} \right\rfloor$ 个缩放标签，因为它们足以主导其余所有标签。

基于引理 1，给出了 ECScaling 的时间复杂度。

引理 2：ECScaling 的时间复杂度为 $O(N \cdot n_{max} \cdot (\log(N \cdot n_{max}) + d)) = O\left(N \cdot \left\lfloor \frac{\Delta}{tc_{min}} \right\rfloor \left\lfloor \frac{ec_{max} \cdot \Delta}{\varepsilon \cdot ec_{min} \cdot tc_{min}} \right\rfloor \cdot \left(\log\left(N \cdot \left\lfloor \frac{\Delta}{tc_{min}} \right\rfloor \left\lfloor \frac{ec_{max} \cdot \Delta}{\varepsilon \cdot ec_{min} \cdot tc_{min}} \right\rfloor\right) + d\right)\right)$，其中 N 是 G_T 中的节点数，n_{max} 是每个节点上的最大缩放标签数（在引理 1 中给出），d 是 G_T 中的最大出度，已在第 7.2.1 节中进行了预计算。

表 7-3　缩放标签

	SL_{0_0}	SL_{1_0}	SL_{2_0}	SL_{3_0}	SL_{4_0}	$SL4_1$	SL_{6_0}	SL_{6_1}
t	8：00	8：30	8：24	8：39	8：42	8：48	8：57	8：51：36
$\widehat{ec}$	0	26	20	36	43	47	58	56
cc	0	185.38	148.304	261.142	309.612	336.904	412.666	398.252
tc	0	0.5	0.4	0.65	0.7	0.8	0.95	0.86

证明：G_T 中有 N 个节点，从引理 1 中可知，每个节点上的最大缩放标签数为 n_{max}。因此，队列 Q 中最多有 $N \cdot n_{max}$ 个缩放标签。因此，该算法最多进行 $N \cdot n_{max}$ 个外层循环（while-loop）。在每个外层循环中（算法 2 中的第 6～第 24 行），使缩放标签出队的复杂度为 $O(\log(N \cdot n_{max}))$；在 for 循环（算法 2 中的第 11～第 23 行）中，为 n_i 的所有传出邻居生成新的缩放标签的复杂度为 $O(d)$，其中 d 表示 G_T 中的最大出度。因此，算法 ECScaling 的总时间复杂度为 $O(N \cdot n_{max} \cdot (\log(N \cdot n_{max}) + d)) = O\left(N \cdot \left\lfloor \frac{\Delta}{tc_{min}} \right\rfloor \left\lfloor \frac{ec_{max} \cdot \Delta}{\varepsilon \cdot ec_{min} \cdot tc_{min}} \right\rfloor \cdot \left(\log\left(N \cdot \left\lfloor \frac{\Delta}{tc_{min}} \right\rfloor \left\lfloor \frac{ec_{max} \cdot \Delta}{\varepsilon \cdot ec_{min} \cdot tc_{min}} \right\rfloor\right) + d\right)\right)$。

ECScaling 算法通过采取缩放步骤来保证近似边界。

近似界限：使用 $R_{ECScaling}$ 表示通过 ECScaling 算法找到的路线，并且使用 R_{opt} 表示最佳路径，这样有了定理 2，表明通过 ECScaling 算法发现的路线的能耗成本不大于最优路径的能耗成本除以 $1-\varepsilon$。

定理 2　$EC(R_{ECScaling}, t) \leqslant \dfrac{EC(R_{opt}, t)}{1-\varepsilon}$。

证明：令 EC_{ij} 表示从 n_i 到 n_j 的路径的能耗成本，而 R_{G_s} 表示缩放图 G_s 中具有最小缩放能耗成本的可行路径。观察到，如果使用缩放能耗成本来代替算法 2 的第 15 行中的原始能耗成本，则算法 2 将返回 R_{G_s}。可以从算法 2 的伪代码得出结论：$EC_{s,j}(R_{G_s})=EC_{s,j}(R_{ECScaling})$ 且 $EC_{j,e}(R_{G_s})\geqslant\alpha_{j,e,t}=EC_{j,e}(R_{ECScaling})$，因此，可以得到：$EC(R_{G_s},t)=EC_{s,j}(R_{G_s})+EC_{j,e}(R_{G_s})\geqslant EC_{s,j}(R_{ECScaling})+EC_{j,e}(R_{ECScaling})=EC(R_{ECScaling},t)$。

如第 7.2.4 小节的 1 所述，λ 是缩放因子，$\widehat{EC}((n_i,n_j),t)=\left\lfloor\dfrac{EC((n_i,n_j),t)}{\lambda}\right\rfloor$。从 $\widehat{EC}=\left\lfloor\dfrac{EC}{\lambda}\right\rfloor$，可以得出 $EC-\lambda\leqslant\lambda\cdot\widehat{EC}\leqslant EC$。因此，$EC(R_{opt},t)=\sum_{e\in R_{opt}}EC_e\geqslant\sum_{e\in R_{opt}}\lambda\cdot\widehat{EC}_e$，因此有 $EC(R_{opt},t)\geqslant\sum_{e\in R_{opt}}\lambda\cdot\widehat{EC}_e\geqslant\sum_{e'\in R_{G_s}}(EC_{e'}-\lambda)\geqslant\sum_{e'\in R_{G_s}}EC_{e'}-\left\lfloor\dfrac{\Delta}{tc_{min}}\right\rfloor\lambda\geqslant\sum_{e'\in R_{G_s}}EC_{e'}-\varepsilon\cdot ec_{min}$。

由于 $\sum_{e'\in R_{G_s}}EC_{e'}\geqslant ec_{min}$，可以得出 $EC(R_{opt},t)\geqslant(1-\varepsilon)\sum_{e'\in R_{G_s}}EC_{e'}=(1-\varepsilon)EC(R_{G_s},t)\geqslant(1-\varepsilon)EC(R_{ECScaling},t)$。

因此，$EC(R_{ECScaling},t)\leqslant\dfrac{EC(R_{opt},t)}{1-\varepsilon}$。

7. 优化

下面提出用于优化算法 2 的优化策略。

注意，算法 2 使用的是缩放标签主导来剪枝掉不可行的路径。为了进一步剪枝掉更多的缩放标签，提出以下两个想法。

①在算法 2 的第 8～第 9 行之后，如果满足以下条件，就可以进一步剪枝掉不可能的缩放标签：$SL_{i_k}.ec+TC(\beta_{i,e,(T+SL_{i_k}.tc)},(T+SL_{i_k}.tc))>\Delta$。

②注意到算法 2 中沿着 n_i 的输出边生成缩放标签。假设在节点 n_i 上，当前正在处理的缩放标签为 SL_{i_k}，还在节点 n_j（n_j 是 n_i 的传出邻居节点）上创建缩放标签，其具有最小的 $TC(\beta_{i,j,(T+SL_{i_k}.tc)},(T+SL_{i_k}.tc))$，使得以下不等式成立：$SL_{i_k}.tc+TC(\beta_{i,j,T+SL_{i_k}.tc},(T+SL_{i_k}.tc))+TC(\beta_{j,e,T+SL_{i_k}.tc+TC(\beta_{i,j,T+SL_{i_k}.tc},(T+SL_{i_k}.tc))},(T+SL_{i_k}.tc+TC(\beta_{i,j,T+SL_{i_k}.tc},(T+SL_{i_k}.tc))))\leqslant\Delta$。通过使用这个不等式，可以剪枝掉更多行进时间超过时间预算 Δ 的路径。这两个想法可以使搜索尽可能早，并且可以用来更新当前的能耗成本上界并剪枝掉更多标签。总之，它们可以加快搜索速度。

7.2.5 贪心算法

下面提出了一种近似的贪心算法来回答 CEETAR 查询。

CEETAR 存在能耗成本应被最小化、应该满足旅行时间预算和必须考虑时间因素三个关键点。很直观地应该意识到，能耗最优路径不必是时间最短路径，因为在满足时间预算与最大程度地最小化能耗之间存在一个折中。

由于目标是用一条节能并满足旅行时间预算约束的路径来回答 CEETAR 的，就意味着在能耗成本和旅行时间成本两者之间存在折中，因此在选择候选节点时，使用参数 $\theta(0\leqslant\theta\leqslant1)$ 来平衡能耗成本和行驶时间：从 7.2.1 节已预计算的候选节点集合 Candi_Nodes 中选择一个最佳节点 n_m，以便使以下得分最小化：

$$score(n_m)=\theta[EC(\alpha_{s,m,T},T)+EC(\alpha_{m,e,(T+TC(\alpha_{s,m,T},T))},(T+TC(\alpha_{s,m,T},T)))]+(1-\theta)$$

$$[\mathrm{TC}(\alpha_{s,m,T},T)+\mathrm{TC}(\alpha_{m,e,(T+\mathrm{TC}(\alpha_{s,m,T}))},(T+\mathrm{TC}(\alpha_{s,m,T},T)))] \tag{7-5}$$

式中，$\alpha_{s,m,T}$表示从源节点n_s到选择的候选节点n_m的最小能耗成本路径，其出发时间为T；$\alpha_{m,e,(T+\mathrm{TC}(\alpha_{s,m,T}))}$表示从选定的候选节点$n_m$到目标节点$n_e$的最小能耗成本路线，出发时间为$T+\mathrm{TC}(\alpha_{s,m,T},T)$。

由公式(7-5)可知，当$\theta=1$时，算法选择节点n_m，使得从源节点n_s到节点n_m的相应部分路径的最小能耗成本加上从节点n_m到目标节点n_e的最小能耗成本最小化。当$\theta=0$时，该算法会根据旅行时间成本选择一个节点，这样，从源节点n_s到节点n_m的相应部分最小能耗成本路径的旅行时间，加上相应的从节点n_m到目标节点n_e的部分最小能耗路径的旅行时间的总时间最小。

该贪心算法的伪代码在算法3中概述。该贪心算法的主要思想：在预处理步骤中生成的一组候选节点Candi_Nodes是一个输入。ec和tc分别表示总能耗成本和旅行时间成本。在Candi_Nodes集合中的所有候选中间节点中，选择一个最佳节点n_m(该节点能使公式(7-5)计算的分数最小)。找到此节点n_m后，如下算法3的第2行所示，将ec的值更新为具有离开时间T的从n_s到n_m的最小能耗成本路径的能耗成本，加上出发时间为$T+\mathrm{TC}(\alpha_{s,m,T},T)$的从$n_m$到$n_e$的最小能耗成本路径的能耗成本；同时，如算法3的第3行中所示，将tc的值更新为以出发时间T起从n_s到n_m的最小能耗成本部分路径的旅行时间，加上从n_m出发时间为$T+\mathrm{TC}(\alpha_{s,m,T},T)$到$n_e$的最小能耗路径的旅行时间成本。最终，如算法3的第4行所示，找到了由$\alpha_{s,m,T}$和$\alpha_{m,e,(T+\mathrm{TC}(\alpha_{s,m,T}))}$形成的路线$R$。

值得注意的是，即使存在可行路径，算法3仍可能无法找到可行路径。它仅选择一个最佳节点n_m来最小化公式(7-5)计算的分数。搜索空间受限，因为它仅考虑公式(7-5)中的部分最小能耗成本路径。例如，$\alpha_{s,m,T}$的旅行时间加上$\alpha_{m,e,(T+\mathrm{TC}(\alpha_{s,m,T}))}$的旅行时间可能大于旅行时间预算$\Delta$，意味着这不是一条可行的路线，因此这种贪心算法失败了。

算法3 贪心算法

输入：$n_s,n_e,\theta,T,\mathrm{Candi\_Nodes},G_\mathrm{T}$

输出：一条节能路径R

1 $n_m \leftarrow \arg\min\limits_{n_m\in\mathrm{Candi\_Nodes}} \mathrm{score}(n_m)$

2 $\mathrm{ec}\leftarrow\mathrm{EC}(\alpha_{s,m,T},T)+\mathrm{EC}(\alpha_{m,e,(T+\mathrm{TC}(\alpha_{s,m,T}))},(T+\mathrm{TC}(\alpha_{s,m,T})))$

3 $\mathrm{tc}\leftarrow\mathrm{TC}(\alpha_{s,m,T},T)+\mathrm{TC}(\alpha_{m,e,(T+\mathrm{TC}(\alpha_{s,m,T}))},(T+\mathrm{TC}(\alpha_{s,m,T})))$

4 $R\leftarrow\alpha_{s,m,T}\bigcup\alpha_{m,e,(T+\mathrm{TC}(\alpha_{s,m,T}))}$

5 return 具有能耗成本 ec 和时间成本 tc 的路线 R

7.3 实　　验

下面进行以下实验以评估本章提出的算法的性能。实验结果表明，提出的算法可以有效地在时间感知道路网络中在满足出行时间预算的条件下找到一条节能路线。

7.3.1 实验设置

下面使用了两个现实世界的时间感知道路网络,即 Colorado 和 New York[①],分别拥有约 40 万个节点和 106 万个边,26 万个节点和 73 万个边。表 7-4 列出了这两个网络的详细信息。注意,①我们的算法可以处理多个时间间隔的分段常数函数,如定义 2 中的 CapeCod 模式。②我们的算法不受时间间隔数的影响。不失一般性,为了方便实验,下面以简化的三间隔 CapeCod 速度模式为例进行实验,并根据以下三个数组为每条边分配分段速度:$velo_1[7]=\{12,20,25,20,10,25,10\}$;$velo_2[7]=\{30,40,30,50,40,50,45\}$;$velo_3[7]=\{10,12,8,8,20,8,10,12\}$。每个边 e 分配一个从 $velo_1[7]$ 中随机选择的低速度 v_1,一个从 $velo_2[7]$ 中随机选择的高速 v_2 和另一个从 $velo_3[7]$ 中随机选择的低速度 v_3。意思是当车辆沿着边 e 行驶时,时间 t_1 之前的速度为 v_1,时间 t_1 之后 t_2 之前的速度为 v_2,时间 t_2 之后的速度为 v_3。在默认情况下,将 t_1 设置为上午 8:00,t_2 设置为中午 12:00。也就是说,ID 为 e_{id} 的边的速度为

$$v(e,t)=\begin{cases} v_1=velo_1[7]\text{的一个随机值}, t\leqslant t_1 \\ v_2=velo_2[7]\text{的一个随机值}, t\in(t_1,t_2) \\ v_3=velo_3[7]\text{的一个随机值}, t\geqslant t_2 \end{cases} \tag{7-6}$$

表 7-4 输入道路网

图	节点数	边数
Colorado	435 666	1 057 066
New York City	264 346	733 846

根据公式(7-6),给定边 e 和出发时间 t,边 e 上的相应行驶时间的计算式为

$$TC(e,t)=\begin{cases} \dfrac{len(e)}{v_1}, & \text{条件1;} \\ \dfrac{len(e)-(t_1-t)v_1}{v_2}+t_1-t, & \text{条件2;} \\ t_2-t+\dfrac{len(e)-(t_1-t)v_1-(t_2-t_1)v_2}{v_3}, & \text{条件3;} \\ \dfrac{len(e)}{v_2}, & \text{条件4;} \\ t_2-t+\dfrac{len(e)-(t_2-t_1)v_2}{v_3}, & \text{条件5;} \\ \dfrac{len(e)}{v_3}, & \text{条件6;} \end{cases} \tag{7-7}$$

式中:

条件 1:$t+len/v_1<t_1$;

条件 2:$t<t_1\ \&\&\ len(e)>(t_1-t)\cdot v_1\ \&\&\ len(e)-(t_1-t)\cdot v_1-(t_2-t_1)\cdot v_2<0$;

条件 3:$t<t_1\ \&\&\ len(e)-(t_1-t)\cdot v_1-(t_2-t_1)\cdot v_2\geqslant0$;

条件 4:$t_1\leqslant t<t_2\ \&\&\ t+len(e)/v_2<t_2$;

---

① http://www.dis.uniroma1.it/challenge9/download.shtml

条件 $5:t_1 \leqslant t < t_2 \&\& \mathrm{len}(e) - (t_2 - t) \cdot v_2 \geqslant 0$;

条件 $6:t \geqslant t_2$;

根据 $EF = 119/v + 16.9 - 0.25v + 1.72 \times 10^{-3} v^2$ 计算能量消耗因子 EF。其中，v 是此边上的平均速度。在预处理步骤中，基于速度模式和能量成本函数，分别在 Colorado 和 New York City 的道路网络上计算参数 d、tc_{min}、ec_{max} 和 ec_{min}，如表 7-5 所示。在默认情况下，将 ε 设置为 0.5。

7.3.2 算法评估

本节评估所提出的算法的效率、可扩展性和准确性。

1. 算法效率

进行该组实验的目的是针对各种参数[如行程时间预算限制 Δ、n_s 和 n_e 之间的最短网络距离 $\mathrm{dis}(n_s, n_e)$ 和参数 ε]研究所提算法的效率。将贪心算法中的 θ 值设置为 0.5，分别进行实验以研究各算法在两个道路网络上的运行时间。注意，无论 θ 是多少，只要保持其他参数不变，算法 3 的时间复杂度就不会改变，因此贪心算法的运行时间不受 θ 的影响。

表 7-5　预先计算的值

道路网络图	d	$ec_{max}(g)$	$ec_{min}(g)$	$tc_{min}(\min)$
Colorado	8	3636.73	0.037688	0.00426
New York City	8	946.036118	0.013296	0.00144

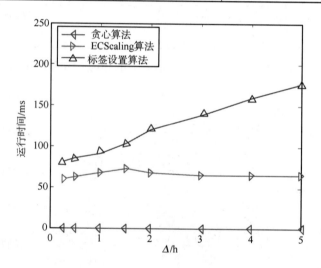

图 7-3　运行时间相对于 Δ 的变化曲线（Colorado）

（1）运行时间相对于 Δ

如图 7-3 和图 7-4 所示为针对不同旅行时间预算 Δ 在 Colorado 和 New York 道路网上所提算法的运行时间。观察到，随着 Δ 的增加，ECScaling 的运行时间首先增加，然后减少。增加的原因是，如果旅行时间预算较大，ECScaling 算法的搜索空间就变大；减少的原因是，随着 Δ 的增大，ECScaling 会更早找到可行的解决方案。同时，注意到贪心算法非常高效。贪心算法的运行时间非常少，并且几乎不受 Δ 的影响，因为预先计算了候选节点，因此贪心算法只需要很少的时间来处理。此外，可以清楚地观察到，在效率方面，ECScaling 算法优于一般的标签设置算法。

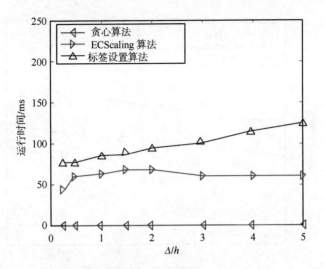

图 7-4　运行时间相对于 Δ 的变化(New York)

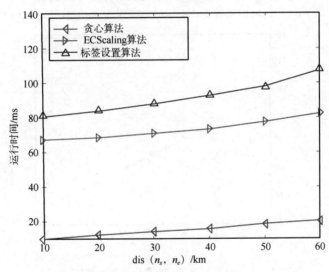

图 7-5　运行时间相对于 dis(n_s, n_e)的变化关系示意(Colorado)

(2)运行时间相对于 dis(n_s, n_e)

为了探讨源节点 n_s 和目标节点 n_e 之间最短网络距离 dis(n_s, n_e)的影响,选择了几组 n_s 和 n_e。在每一组中,保持 n_s 和 n_e 之间的距离 dis(n_s, n_e)相同或稍有变化。然后,计算每个组的平均运行时间。图 7-5 和图 7-6 描绘了本章所提算法的运行时间随在 Colorado 和 New York 道路网络上从源节点 n_s 到目标节点 n_e 的网络距离 dis(n_s, n_e)的变化关系。观察到运行时间随源节点和目标节点之间距离的增加而增加。这是因为:

①动态规划解决方案(即标签设置算法)和近似的 ECScaling 算法利用了 $\alpha_{i,e,t+L_{i_k}.tc}$ 和 $\beta_{i,e,t+L_{i_k}.tc}$,而如果源节点和目标节点之间的距离增加,这两个路径 $\alpha_{i,e,t+L_{i_k}.tc}$ 和 $\beta_{i,e,t+L_{i_k}.tc}$ 的计算变得更加复杂;

②在贪心算法中,如果源节点与目标节点之间的距离增加,那么 EC((n_s, n_m), (T+tc)), EC((n_m, n_e), (T+tc+TC((n_s, n_m), (T+tc)))), TC((n_s, n_m), (T+tc)) 和 TC((n_m, n_e), (T+tc+TC((n_s, n_m), (T+tc)))) 的计算将会需要更多时间。

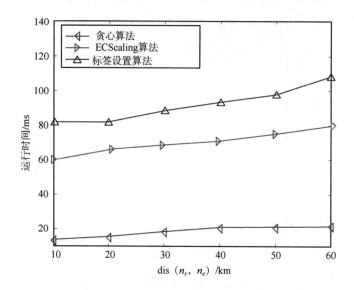

图 7-6　运行时间相对于 $dis(n_s, n_e)$ 的变化关系示意（New York）

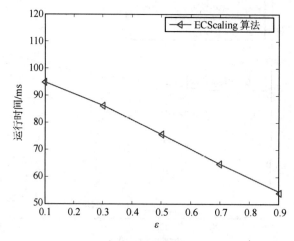

图 7-7　运行时间相对于 ε 的变化关系示意（Colorado）

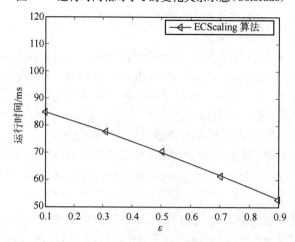

图 7-8　运行时间相对于 ε 的变化关系示意（New York）

(3)运行时间相对于 ε

图 7-7 和图 7-8 所示的是 ECScaling 算法在 Colorado 和 New York 网络上的运行时间与参数 ε 的关系。将 Δ 设置为 1 h,平均网络距离 $\mathrm{dis}(n_s, n_e)$ 约为 20 km。观察到运行时间与 ε 成反比。当 ε 变大时,运行时间变小。其原因是 ECScaling 算法运行时间是关于 $1/ε$ 的多项式函数,因为节点上的最大标签数 n_{max} 与 ε 成反比,如第 7.2.4 小节中 1 和引理 1 所述。

(4)讨论

观察到 ECScaling 算法的运行时间比一般标签设置算法要小得多,这证明了 ECScaling 算法的优越性。同时,观察到 ECScaling 算法的运行时间大于贪心算法的运行时间。这是因为尽管算法 ECScaling 使用标签主导来剪枝掉很多局部路径,加快了搜索速度,但是在外层 while 循环所包含的 for 循环的每次迭代中,它都需要在每个节点上计算 $α_{i,e,t}$ 和 $β_{i,e,t}$;而贪心算法只需要遍历 Candi_Nodes 集合(算法 3 中的第 3 行)中的候选节点,这意味着贪心算法的迭代次数比 ECScaling 算法的迭代次数少得多。

2. 可扩展性

为了研究我们提出的算法的可扩展性,提取了 Colorado 和 New York 道路网络的子图作为输入图。生成 Colorado 子图的过程:假设子图 i 中的节点数为 N_i,则保留原始节点集 V 中的前 N_i 个节点,保留起点和终点位于前 N_i 个节点的边,丢弃原边集 E 中的其余边。

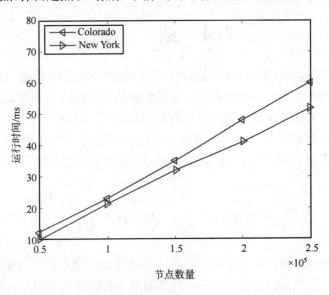

图 7-9 运行时间相对于道路网络的节点数的变化

图 7-9 所示的是 ECScaling 算法的运行时间与输入的道路网络子图的节点数的关系。可看到我们的算法相对于数据集的输入大小,扩展性很好。

3. 贪心算法的准确性

下面进行了一组实验以研究贪心算法的准确性。尽管贪心算法似乎没有性能保证,但实验表明,它在大多数情况下都能找到一条可行的路径。图 7-10 所示的是查询失败的百分比示意。如第 7.2.5 节的最后一段所述,即使真实情况下存在可行的路径,贪心算法也有可能无法找到可行解。它仅选择一个最佳节点 n_m 来最小化公式(7-5)中的分数,搜索空间有限,因为它仅考虑公式(7-5)中的部分最小能耗成本路径。当 θ 设置为 0 时,仅基于时间预算得分选择最佳节点,因此最终返回的路径更可能是可行的,因此失败率较低;当 θ 设置为 1 时,仅根据能耗得分选择最佳节点,因此更可能违反时间预算,因此查询失败百分比最大。

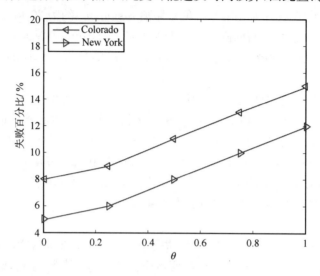

图 7-10　查找失败百分比示意

7.4　结　　论

在本章,研究了现实世界时间感知路网中带约束的节能路线查询。首先提出一种动态规划解决方案来回答此查询。随后提出一种近似算法 ECScaling,该算法使用缩放策略,通过可证明的近似界有效解决了此时间感知路径规划问题。此外还提出了一种贪心算法,该算法会自动选择从起始节点 n_s 可达的节点,该节点能够最小化能耗和行驶时间的线性组合分数。实验结果表明,本章提出的算法能够高效、准确地回答 CEETAR 查询并具有可扩展性。

7.5　本 章 小 结

本章对时间感知道路网络中带约束的节能路径规划问题及解决方案进行了阐述。7.1 节给出了与路网中受约束的节能高效的时间感知路线查询有关的定义。7.2 节提出了解决 CEETAR 问题的算法,包括动态规划解决方案——标签设置算法、具有可证明的近似界限的使用了缩放策略的近似算法 ECScaling,以及贪心算法。7.3 节介绍了针对提出的方法在 Colorado、New York 两个道路网络上进行了实验,验证了所提出方法的高效性、准确性和可扩展性。7.4 节对本章所提出的算法及实验结果进行了简要总结。

第8章 总结与展望

本章中笔者对本书进行总结,并对将来的工作提出若干有前景的研究课题。

8.1 总 结

本书研究了五种与 LBS 相关的问题,旨在分别对静态道路网络中基于地理空间距离的邻近检测、动态道路网络中基于时间距离的临近检测、兴趣点推荐、成本最优的时间相关路径查找、时间感知道路网络中带约束的节能路径规划五个查询问题给出解决方案。五个查询问题的目的分别为:①提出新的高效算法降低道路网络中邻近检测的通信成本与计算成本;②提出解决方案同时降低时间感知道路网络中临近检测的通信时延、通信成本、计算成本;③提出方法来进行 POI 推荐;④在时间相关的道路网络中找到成本最优的路线;⑤在时间感知的道路网络中找到带约束的节能路径。

对于第一个问题,本书提出了两种解决方案。主要目标是设计一种用于道路网中邻近检测的算法,采用客户端-服务器架构来最小化客户端与服务器间的通信成本。首先分别对客户端和服务器提出了基于固定安全区域半径的算法,其策略是对客户端向服务器发送的不必要的更新消息进行剪枝,同时对服务器向不用通过计算、使用三个剪枝引理就能判定是否邻近的好友对发送的不必要的询问消息也进行剪枝。一方面,在客户端,除非用户移动到了其安全区域之外,否则用户不用发送任何更新消息;另一方面,在服务器端,除非三个修剪引理均不满足,否则服务器不用向此用户对发送任何询问消息。实验表明,本书所提出的上述基于固定半径的解决方案在半径较小的情况下询问成本相对较低,但更新成本较高;在半径较大的情况下,固定半径解决方案询问成本较低,但更新成本较高。为此,本书采用自调整策略设计了第二种解决方案,该策略自动调整每个客户端的安全区域,最大限度地降低总的通信成本。基于该自调整策略,本书提出一种新的自调整算法,称为 RRMD,该算法自动调整半径以使其接近最优值。实验表明,与固定半径方法和其他算法(RMD_{RN}/ CMD_{RN} 方法)相比,该算法性能良好,且大大降低了总通信成本。此外,实验还表明,本书的自调整解决方案鲁棒性强,并且对不同参数(例如移动物体的数量,用户的平均好友数量和邻近度阈值)具有很高的可扩展性。

对于第二个问题,本书首先提出了一种基于移动边缘计算的临近检测架构,该架构既考虑了用户和服务器之间的通信机制,即发送更新消息、询问消息、通知消息等,又充分利用了移动边缘计算高带宽、低时延的特性,在多处边缘云部署服务器,因此可以降低用户和服务器之间的通信时延。随后,提出了四个引理,其工作原理是利用两个移动用户的移动安全区域之间的时间距离的下限和上限来判断这两个移动用户是否临近。基于此四个引理,提出了一种基于时间距离的临近检测方法,该方法分别在客户端和服务器端设计了基于固定安全区域半径的算法。其中,客户端算法与第一个问题中所提客户端算法类似,可以有效降低用户向服务器发送的更新成本;服务器端算法利用四个引理对不用计算就能判断是否临近的用户对进行剪枝,以减少服务器向用户发送的询问消息。此外,还提出了服务器端计算成本的优化方法,即,利用 OpenMP 进行多线程并行计算,可大大降低服务器端的计算成本。基于 Odenburg、pNY 两个道路网络,分别进行了实验,实验结果验证了所提架构、算法、方法的有效性和高效性。

对于第三个问题 POI 推荐,本书开发了一个考虑了受欢迎度、时间因素、地理因素的融合框架,即 PTG-Recommend,用于向用户推荐 POI。首先,提出了 SEM-DTBJ-Cluster 算法,该算法对 GPS 停留点进行聚类和反向地理编码以提取具有语义信息的 POI。然后,该框架不仅考虑了 POI 的语义信息,还考虑了受欢迎度、时间、地理等因素对 POI 推荐的影响,分别得到了受欢迎度推荐分数、时间推荐分数、地理推荐分数;接着,将这三项打分函数组合起来,为每个 POI 给出一个统一的推荐分数。编者所提出的 PTG-Recommend[81] 是首个从 GPS 轨迹出发、考虑了 POI 的受欢迎度、时间和地理特征,进而对 POI 进行推荐的框架。通过实验分别评估利用受欢迎度影响的推荐方法,运用时间影响的推荐方法和运用地理影响的推荐方法以及最终的统一推荐框架。实验表明,PTG-Recommend 框架的准确率和召回率比基准方法提高了 $20\%\sim30\%$。

对于第四个问题,即时间相关道路网络中的成本最优的路径查找问题,目的是在时间相关道路网络中找到一条成本最低的路径,该路径从源节点 n_s 开始,在目标节点 n_e 处终止,且满足时间和速度约束。将上述问题简称为 COTER,设计了一种近似的 ALG-COTER 算法求解 COTER。该 ALG-COTER 算法首先为每个候选节点计算最早到达时间和最晚到达时间,候选节点是指可以从 n_s 到达且同时可以到达 n_e 的节点。然后,利用拓扑排序算法计算这些候选节点的拓扑顺序。随后,根据它们的拓扑顺序以及它们的最小成本(OC)函数的递推关系式,通过动态规划迭代计算每个节点的最小成本函数。最后,通过回溯得到最优路径 R 并计算最优路径中每个节点的等待时间。此外,本书还分析了 ALG-COTER 的时间复杂度。通过研究不同参数对运行时间的影响,本书做实验评估了 ALG-COTER 算法的性能。实验结果表明,本书所提的算法可以有效回答 COTER 查询,并对于各种参数具有可扩展性。

对于第五个问题,即,时间感知道路网络中带约束的节能路径查找问题,其目的是找到一条路径 R,该路径 R 以出发时间 T 从 n_s 出发,到 n_e 结束,这样 R 在满足旅行时间预算条件下使总耗能最小。本书首先提出一种动态规划解决方案——标签设置算法来回答此查询。随后,提出一种近似算法 ECScaling,该算法使用缩放策略,通过可证明的近似界有效解决了此时间感知路径规划问题。此外,还提出了一种贪心算法,该算法会自动选择从起始节点 n_s 可达的节点,该节点能够最小化能耗和行驶时间的线性组合分数。实验结果表明,本章提出的算法能够高效、准确地回答 CEETAR 查询并具有较好的可扩展性。

8.2 展 望

本书也为未来研究提出了一些有前景的课题。

8.2.1　从某地到推荐 POI 的最佳路径查找

本小节给出从某地到被推荐 POI 的最佳路径查找问题。首先,介绍动机及问题陈述,然后给出解决该问题的可用方案。

1. 动机

如第 1 章和第 2 章所述,POI 推荐和最佳路线搜索在现实世界和虚拟计算机游戏中都有许多应用。考虑以下这种情况:一组用户想要访问若干遥远的兴趣点。但是,由于有很多POI,他们计划只访问推荐分数最高的一个 POI。同时,他们需要一条最佳路线使得从当前位置到 POI 的路线总成本最小。

上述是 POI 推荐和最佳路线路径的结合。该问题在旅游业中十分普遍。因此,解决这样的综合问题是很有必要的。

2. 问题陈述

如下给出该问题的定义:给定道路网络 G,一组用户 U,沿道路网的一组 POI,用户的POI 访问轨迹,源节点 n_s,目标是找到:(1)对用户 $u_i \in U$ 推荐分数最高的 POI l_i;(2)从 n_s 到POI l_i 的最优成本路径。

3. 建议的方案

为回答上述问题,我们提出以下方法。

(1) **通过检查两个 POI 的邻近度计算用户的相似度**。如果两个用户总是签入邻近的POI,甚至是相同的 POI,则这两个用户间的相似度相对较高。因此,这一步中,可以用邻近度检测来获取用户的相似度,这也是计算每个 POI 推荐分数的基础。

(2) **通过使用 PTG-Recommend 框架,找到对每个用户推荐分数最高的 POI l_i**。对于每个用户,采用 PTG-Recommend 框架计算每个 POI 的推荐分数,然后对每个用户选择推荐分数最高的 POI。

(3) **找到每个用户 u_i 从 u_i 到 POI l_i 的最佳路径**。可用 ALG-COTER 算法为每个用户u_i 计算从 u_i 到 POI l_i 的成本最优路径。

8.2.2　从 GPS 轨迹挖掘语义模式

本小节给出从 GPS 轨迹挖掘语义模式的问题。首先,介绍动机及问题陈述,然后给出解决该问题的可用方案。

1. 动机

GPS 设备的日益普及和广泛使用确保了海量 GPS 数据的获取。配备 GPS 的移动设备能够生成大量 GPS 记录,这些记录收集持续变化的地理位置,且这些地理位置带有时间戳和其他信息(例如方向和速度)。客户端的轨迹作为时空连续的函数,可通过移动客户端的GPS 记录序列来估算。轨迹包含重要语义信息,因为移动的客户和地理空间之间的交互可以被 GPS 轨迹捕获。

GPS 数据正被科学家和研究人员极大关注,这促使人们对 GPS 数据进行更多研究。大多数基于社区的网站使用户能彼此共享旅行轨迹。已有一些工作研究 GPS 轨迹。例如,文献[133]的作者从语义轨迹中挖掘出用户相似性。文献[16]提出了一种语义轨迹数据挖掘查询语言,即 ST-DMQL。另一篇论文[4]提出了语义轨迹知识发现的框架。Cao 等人在他们的工作中从 GPS 数据中挖掘重要的语义位置[21]。在我们的工作中,还提出了从 GPS 轨迹进行 POI 推荐的框架[81]。但是,现有文献没有从 GPS 轨迹中挖掘出足够多的语义模式。模式对用户很重要,因为模式提供"文本理解"信息。因此,本书的目的是全面考虑语义位置,并从其 GPS 轨迹中发现移动用户的语义模式。

2. 问题陈述

本书给出从 GPS 轨迹挖掘语义模式的问题定义如下:给定一组移动用户 U 以及其 GPS 轨迹 $Traj$,本书的目标是发掘语义模式,即从 GPS 轨迹中发掘位置的文本语义信息的模式。这些模式包括不同职业、不同宗教和不同社会地位等的影响。

3. 建议的方案

为解决该问题,提出以下方案:

(1) 从 GPS 轨迹中识别 GPS 点;

(2) 用 GPS 点对 GPS 位置进行聚类;

(3) 根据轨迹本体[121,127]将 GPS 轨迹翻译为语义文本。该步骤包括找出特定位置的建筑物名称及该语义位置的用途等。

(4) 使用已经挖掘的模式进一步促进后续 GPS 轨迹的语义信息转换。

8.2.3 动态道路网络中的多偏好路径查找

本小节给出另一个有前景的查询问题,即动态道路网中的多偏好路径查找。

1. 动机

在过去几十年中,路径查找问题引起了研究人员极大关注。现有文献[30,32,33]提出了道路网络中可定制的路线规划算法。其他一些工作[20,42]提出了寻找最佳路径的算法。由于天气状况、交通拥堵或其他意外紧急情况,道路网络很可能是动态的或随时间变化的,而非静态的。因此,文献[31]和[34]等工作研究了随时间变化的道路网络中的路径选择。目前,如第 6 章所述,本书还提出了一种 ALG-COTER 算法,用于在时变道路网中找到成本最优的路线。

由于能源有限,人们倾向于更经济的路线而不是耗能的路线。因此,解决路径查找问题时,通常情况下节省能源成本是一个目标。此外,如今人们热衷环游世界,这时,人们倾向于设计经济成本更低且 POI 更多的路线。此外,如果旅行者的旅行时间有限,那么旅行者可能希望在有限时间内以尽可能低的经济成本(通常带有花销预算)游览尽可能多的名胜古迹,且不消耗过多体力。

上述情况下的路径规划问题产生了多偏好的路径查找问题。但是,很少有工作研究多偏好路径查找问题。因此,研究者应根据用户的多重偏好开发算法设计一条满足多偏好的路径。

2. 问题陈述

给定用户 u,花费预算 b,体力限制 c,时间预算 T,景点集合 P,以及时变道路网G_T。G_T 中的路径与时间无关,但每个路径的金钱成本、体力成本和最大速度都是时变的。本书的目标是找到一条路径,用户 u 可以沿该路径游览 P 中尽可能多的景点,但金钱成本不超过其

金额预算 b,体力成本不超过其体力限制 c,且总时间不超过 T。

3. 建议的方案

为了解决上述多偏好路径查找问题,下面给出如下一些方案供参考。

(1) 用含约束条件的线性规划对问题进行建模。

(2) 开发动态规划算法解决该问题。首先对每个节点定义最多 POI 函数,该函数表示用户在时间点 t 到达此节点能访问的最大 POI 数目,然后推导出该节点和其传入邻居节点的最多 POI 函数的递推关系。

(3) 设计一个具有可接受的近似精度的贪心算法,以解决该多偏好路线问询。

(4) 用模拟数据集和真实数据集评估解决方案。

8.2.4 基于校园 WiFi 轨迹的学习成绩预测

本小节给出另一个有前景的查询问题,即基于校园 WiFi 轨迹的学习成绩预测问题。

1. 动机

目前,尽管已有很多研究者对 WiFi 轨迹进行了研究,但鲜少有针对校园 WiFi 轨迹来进行学生学习成绩的预测。事实上,对于大学生而言,其绝大部分的时间都在校园内活动,因此其在校园的运动轨迹很能反映他/她的行为模式、习惯、偏好等信息。而大学生在校的行为模式对于其学习成绩是有关联的。比如,某学生在实验室或教学楼待的时间较长,据此可判断该生是一个学习型的学生,因此很大概率上他/她的学习成绩较好。因此,我们可以通过在校大学生在校园内的 WiFi 轨迹来预测其学习成绩,这一定程度上有利于学校的教学管理,对教学引导具有帮助作用。

2. 问题陈述

给定校园用户 u,以及其在校园内的 WiFi 轨迹 $Traj$,本书的目标是提出一个学习成绩预测模型,实现以下目的:

(1) 从轨迹数据中提取出可以表现学习特征的描述信息,并在准确率可接受的范围内预测学习表现;

(2) 探究行为轨迹中提取不同的学习特征对于学习表现的影响有何不同;

(3) 进一步提高轨迹数据对学习表现的预测能力。

3. 建议的方案

为了解决上述问题,我们给出如下方案供参考。

(1) 从 WiFi 轨迹中提取特征,利用传统的多种分类器(如逻辑回归、随机森林、Adaboost、Bayes、支持向量机、决策树等)根据这些特征训练学习成绩的分类模型。

(2) 利用长短期记忆(LSTM)神经网络以及新兴的 attention 机制技术结合,搭建一个适用于本研究的具有 attention 层的神经网络预测模型进行训练,进而进行学习成绩预测。

(3) 结合大学生的 WiFi 轨迹数据集以及真实学习成绩,将所提算法和模型应用在这些数据集上进行训练,得到它们的准确率与召回率,进而得出哪种类型的分类模型效果最好。

参 考 文 献

[1] Protégé [EB/OL]. [2020-05-04]https://protege. stanford. edu/.

[2] Agarwal P K, Arge L, Erickson J. Indexing Moving Points[J]. Journal of Computer and System ences, 2003, 66(1):207-243.

[3] Aljazzar H, Leue S. K*. A heuristic search algorithm for finding the k shortest paths [J]. Artificial Intelligence, 2011, 175(18):2129-2154.

[4] Alvares L O, Bogorny V, Kuijpers B, et al. Towards semantic trajectory knowledge discovery[J]. Data Mining and Knowledge Discovery, 2007, 12.

[5] Amir A, Efrat A, Myllymaki J, et al. Buddy tracking—efficient proximity detection among mobile friends[J]. Pervasive and Mobile Computing, 2007, 3(5):489-511.

[6] Artmeier A, Haselmayr J, Leucker M, et al. The shortest path problem revisited: Optimal routing for electric vehicles [C]//Annual conference on artificial intelligence. Springer, Berlin, Heidelberg, 2010:309-316.

[7] Ashbrook D, Starner T. Using GPS to learn significant locations and predict movement across multiple users[J]. Personal and Ubiquitous computing, 2003, 7(5): 275-286.

[8] Badrinath B R, Bakre A, Imielinski T, et al. Handling mobile clients: A case for indirect interaction [C]//Proceedings of IEEE 4th Workshop on Workstation Operating Systems. WWOS-III. IEEE, 1993:91-97.

[9] Barbará D, Imieliński T. Sleepers and workaholics: caching strategies in mobile environments (extended version)[J]. The VLDB Journal, 1995, 4(4):567-602.

[10] Bashash S, Fathy H K. Cost-optimal charging of plug-in hybrid electric vehicles under time-varying electricity price signals[J]. IEEE Transactions on Intelligent Transportation Systems, 2014, 15(5):1958-1968.

[11] Batz G V, Delling D, Sanders P, et al. Time-dependent contraction hierarchies[C]// 2009 Proceedings of the Eleventh Workshop on Algorithm Engineering and Experiments (ALENEX). Society for Industrial and Applied Mathematics, 2009: 97-105.

[12] Baum M, Dibbelt J, Hübschle-Schneider L, et al. Speed-consumption tradeoff for electric vehicle route planning[C]//14Th workshop on algorithmic approaches for transportation modelling, optimization, and systems. Schloss Dagstuhl-Leibniz-Zentrum fuer Informatik, 2014.

[13] Baum M, Dibbelt J, Pajor T, et al. Energy-optimal routes for electric vehicles[C]// Proceedings of the 21st ACM SIGSPATIAL international conference on advances in geographic information systems. 2013: 54-63.

[14] Beckmann N, Kriegel H P, Schneider R, et al. The R*-tree: an efficient and robust access method for points and rectangles[C]//Proceedings of the 1990 ACM SIGMOD international conference on Management of data. 1990: 322-331.

[15] Ben-Akiva M, De Palma A, Isam K. Dynamic network models and driver information systems[J]. Transportation Research Part A: General, 1991, 25(5): 251-266.

[16] Bogorny V, Kuijpers B, Alvares L O. ST-DMQL: a semantic trajectory data mining query language[J]. International Journal of Geographical Information Science, 2009, 23(10): 1245-1276.

[17] Brinkhoff T. A framework for generating network-based moving objects[J]. GeoInformatica, 2002, 6(2): 153-180.

[18] Cai X, Kloks T, Wong C K. Time-varying shortest path problems with constraints[J]. Networks: An International Journal, 1997, 29(3): 141-150.

[19] Cai Y, Hua K A, Cao G. Processing range-monitoring queries on heterogeneous mobile objects[C]//IEEE International Conference on Mobile Data Management, 2004. Proceedings. 2004. IEEE, 2004: 27-38.

[20] Cao X, Chen L, Cong G, et al. Keyword-aware optimal route search[J]. arXiv preprint arXiv: 1208. 0077, 2012.

[21] Cao X, Cong G, Jensen C S. Mining significant semantic locations from GPS data [J]. Proceedings of the VLDB Endowment, 2010, 3(1-2): 1009-1020.

[22] Chan E P F, Lim H. Optimization and evaluation of shortest path queries[J]. The VLDB journal, 2007, 16(3): 343-369.

[23] Chan E P F, Yang Y. Shortest path tree computation in dynamic graphs[J]. IEEE Transactions on Computers, 2008, 58(4): 541-557.

[24] Chen Y J, Chuang K T, Chen M S. Coupling or decoupling for KNN search on road networks? a hybrid framework on user query patterns[C]//Proceedings of the 20th ACM international conference on Information and knowledge management. 2011: 795-804.

[25] Cheng C, Yang H, King I, et al. Fused matrix factorization with geographical and social influence in location-based social networks [C]//Twenty-sixth AAAI conference on artificial intelligence. 2012.

[26] Cho H J, Chung C W. An efficient and scalable approach to CNN queries in a road network[C]//Proceedings of the 31st international conference on Very large data bases. VLDB Endowment, 2005: 865-876.

[27] Chu K, Lee M, Sunwoo M. Local path planning for off-road autonomous driving with

avoidance of static obstacles[J]. IEEE Transactions on Intelligent Transportation Systems, 2012,13(4):1599-1616.

[28] Civilis A, Jensen C S, Pakalnis S. Techniques for efficient road-network-based tracking of moving objects [J]. IEEE Transactions on Knowledge and Data Engineering,2005,17(5):698-712.

[29] Das Sarma A, Gollapudi S, Najork M, et al. A sketch-based distance oracle for web-scale graphs[C]//Proceedings of the third ACM international conference on Web search and data mining. 2010:401-410.

[30] Delling D. Engineering and augmenting route planning algorithms[D]. Karlsruhe Institute of Technology,2009.

[31] Delling D. Time-dependent SHARC-routing[J]. Algorithmica,2011,60(1):60-94.

[32] Delling D, Goldberg A V, Pajor T, et al. Customizable route planning[C]//International Symposium on Experimental Algorithms. Springer,Berlin,Heidelberg,2011:376-387.

[33] Delling D, Holzer M, Müller K, et al. High-performance multi-level routing[J]. The Shortest Path Problem: Ninth DIMACS Implementation Challenge, 2009, 74: 73-92.

[34] Delling D, Wagner D. Time-dependent route planning[M]//Robust and online large-scale optimization. Springer,Berlin,Heidelberg,2009:207-230.

[35] Delling D, Werneck R F. Faster customization of road networks[C]//International Symposium on Experimental Algorithms. Springer, Berlin, Heidelberg, 2013: 30-42.

[36] Demestichas K, Masikos M, Adamopoulou E, et al. Machine-learning methodology for energy efficient routing [C]//19th ITS World CongressERTICO-ITS EuropeEuropean CommissionITS AmericaITS Asia-Pacific. 2012.

[37] Ding B, Yu J X, Qin L. Finding time-dependent shortest paths over large graphs [C]//Proceedings of the 11th international conference on Extending database technology:Advances in database technology. 2008:205-216.

[38] Ding Y, Li X. Time weight collaborative filtering[C]//Proceedings of the 14th ACM international conference on Information and knowledge management. 2005: 485-492.

[39] Ding Z, Guting R H. Managing moving objects on dynamic transportation networks[C]// Proceedings. 16th International Conference on Scientific and Statistical Database Management, 2004. IEEE,2004:287-296.

[40] Dong Y, Yang Y, Tang J, et al. Inferring user demographics and social strategies in mobile social networks[C]//Proceedings of the 20th ACM SIGKDD international conference on Knowledge discovery and data mining. 2014:15-24.

[41] Duckham M, Kulik L. "Simplest" paths:automated route selection for navigation

[C]//International Conference on Spatial Information Theory. Springer, Berlin, Heidelberg,2003:169-185.

[42] Eisner J,Funke S,Storandt S. Optimal route planning for electric vehicles in large networks[C]//Twenty-Fifth AAAI Conference on Artificial Intelligence. 2011.

[43] Espinoza F,Persson P,Sandin A,et al. Geonotes:Social and navigational aspects of location-based information systems[C]//International Conference on Ubiquitous Computing. Springer,Berlin,Heidelberg,2001:2-17.

[44] Ester M,Kriegel H P,Sander J,et al. A density-based algorithm for discovering clusters in large spatial databases with noise[C]//Kdd. 1996,96(34):226-231.

[45] Galton A,Worboys M. Processes and events in dynamic geo-networks[C]// International Conference on GeoSpatial Sematics. Springer, Berlin, Heidelberg, 2005:45-59.

[46] Gao J,Yu J X,Jin R,et al. Outsourcing shortest distance computing with privacy protection[J]. The VLDB journal,2013,22(4):543-559.

[47] Gedik B,Liu L. Mobieyes:Distributed processing of continuously moving queries on moving objects in a mobile system[C]//International Conference on Extending Database Technology. Springer,Berlin,Heidelberg,2004:67-87.

[48] Geisberger R,Sanders P,Schultes D,et al. Exact routing in large road networks using contraction hierarchies [J]. Transportation Science,2012,46(3):388-404.

[49] Geisberger R,Vetter C. Efficient routing in road networks with turn costs[C]// International Symposium on Experimental Algorithms. Springer, Berlin, Heidelberg,2011:100-111.

[50] Giller G L. The statistical properties of random bitstreams and the sampling distribution of cosine similarity[J]. Available at SSRN 2167044,2012.

[51] Guo C,Ma Y,Yang B,et al. Ecomark:evaluating models of vehicular environmental impact [C]//Proceedings of the 20th International Conference on Advances in Geographic Information Systems. 2012:269-278.

[52] Boston M A. A dynamic index structure for spatial searching[C]//Proceedings of the ACM-SIGMOD. 1984:547-557.

[53] Hartmann F,Funke S. Energy-efficient routing:Taking speed into account[C]// Joint German/Austrian Conference on Artificial Intelligence (Künstliche Intelligenz). Springer,Cham,2014:86-97.

[54] Kang J H,Welbourne W,Stewart B,et al. Extracting places from traces of locations [J]. ACM SIGMOBILE Mobile Computing and Communications Review,2005,9 (3):58-68.

[55] Holzer M,Schulz F,Wagner D. Engineering multilevel overlay graphs for shortest-path queries[J]. Journal of Experimental Algorithmics (JEA),2009,13:2. 5-2. 26.

[56] Housel B C,Lindquist D B. WebExpress:A system for optimizing Web browsing in a wireless environment[C]//Proceedings of the 2nd annual international conference on Mobile computing and networking. 1996:108-116.

[57] Hu H,Xu J,Lee D L. A generic framework for monitoring continuous spatial queries over moving objects[C]//Proceedings of the 2005 ACM SIGMOD international conference on Management of data. 2005:479-490.

[58] Huang B,Cheu R L,Liew Y S. GIS and genetic algorithms for HAZMAT route planning with security considerations[J]. International Journal of Geographical Information Science, 2004,18(8):769-787.

[59] Ilarri S,Mena E,Illarramendi A. Location-dependent query processing:Where we are and where we are heading[J]. ACM computing surveys (CSUR),2010,42(3): 1-73.

[60] Ilarri S,Trillo R,Mena E. SPRINGS:A scalable platform for highly mobile agents in distributed computing environments[C]//2006 International Symposium on a World of Wireless, Mobile and Multimedia Networks (WoWMoM'06). IEEE, 2006:5 pp. -637.

[61] Iwerks G S,Samet H,Smith K P. Maintenance of k-nn and spatial join queries on continuously moving points [J]. ACM Transactions on Database Systems (TODS),2006,31 (2):485-536.

[62] Jing J,Helal A S,Elmagarmid A. Client-server computing in mobile environments [J]. ACM computing surveys (CSUR),1999,31(2):117-157.

[63] Jung S,Pramanik S. An efficient path computation model for hierarchically structured topographical road maps [J]. IEEE Transactions on Knowledge and Data Engineering, 2002,14(5):1029-1046.

[64] Kjærgaard M B, Treu G, Ruppel P, et al. Efficient indoor proximity and separation detection for location fingerprinting[C]//Proceedings of the 1st international conference on MOBILe Wireless MiddleWARE ,Operating Systems,and Applications. 2008:1-8.

[65] Kollios G,Gunopulos D,Tsotras V J. On indexing mobile objects[C]//Proceedings of the eighteenth ACM SIGMOD-SIGACT-SIGART symposium on Principles of database systems. 1999:261-272.

[66] Koudas N,Ooi B C,Tan K L,et al. Approximate NN queries on streams with guaranteed error/performance bounds[C]//Proceedings of the Thirtieth international conference on Very large data bases-Volume 30. 2004:804-815.

[67] Kriegel H P,Kröger P,Kunath P,et al. Proximity queries in large traffic networks[C]// Proceedings of the 15th annual ACM international symposium on Advances in geographic information systems. 2007:1-8.

[68] Kriegel H P,Kröger P,Renz M. Continuous proximity monitoring in road networks[C]//

Proceedings of the 16th ACM SIGSPATIAL international conference on Advances in geographic information systems. 2008:1-10.

[69] Kriegel H P,Kröger P,Renz M,et al. Proximity queries in time-dependent traffic networks using graph embeddings[C]//Proceedings of the 4th ACM SIGSPATIAL International Workshop on Computational Transportation Science. 2011:45-54.

[70] Kriegel H P,Kröger P,Renz M,et al. Proximity queries in time-dependent traffic networks using graph embeddings[C]//Proceedings of the 4th ACM SIGSPATIAL International Workshop on Computational Transportation Science. 2011:45-54.

[71] Küpper A,Treu G. From location to position management:User tracking for location-based services[C]//Kommunikation in Verteilten Systemen (KiVS). Gesellschaft für Informatik eV,2005.

[72] Küpper A, Treu G. Efficient proximity and separation detection among mobile targets for supporting location-based community services[J]. ACM SIGMOBILE Mobile Computing and Communications Review,2006,10(3):1-12.

[73] Kurashima T,Iwata T,Hoshide T,et al. Geo topic model:joint modeling of user's activity area and interests for location recommendation[C]//Proceedings of the sixth ACM international conference on Web search and data mining. 2013:375-384.

[74] Leape J. The London congestion charge[J]. Journal of Economic Perspectives,2006, 20(4):157-176.

[75] Leonhardi A,Rothermel K. Protocols for updating highly accurate location information [M]//Geographic Location in the Internet. Springer,Boston,MA,2002:111-141.

[76] Li Q,Fan H,Luan X,et al. Polygon-based approach for extracting multilane roads from OpenStreetMap urban road networks[J]. International Journal of Geographical Information Science,2014,28(11):2200-2219.

[77] Li Q,Zheng Y,Xie X,et al. Mining user similarity based on location history[C]// Proceedings of the 16th ACM SIGSPATIAL international conference on Advances in geographic information systems. 2008:1-10.

[78] Li X Q,Szeto W Y,O'Mahony M. Modeling time-dependent tolls under transport,land use, and environment considerations[M]//Applications of Advanced Technology in Transportation. 2006:852-857.

[79] Lichman M, Smyth P. Modeling human location data with mixtures of kernel densities[C]//Proceedings of the 20th ACM SIGKDD international conference on Knowledge discovery and data mining. 2014:35-44.

[80] Liu B,Fu Y,Yao Z,et al. Learning geographical preferences for point-of-interest recommendation[C]//Proceedings of the 19th ACM SIGKDD international conference on Knowledge discovery and data mining. 2013:1043-1051.

[81] Liu Y,Seah H S. Points of interest recommendation from GPS trajectories[J].

International Journal of Geographical Information Science,2015,29(6):953-979.

[82] Liu Y,Seah H S,Cong G. Efficient proximity detection among mobile objects in road networks with self-adjustment methods[C]//Proceedings of the 21st ACM SIGSPATIAL International Conference on Advances in Geographic Information Systems. 2013:124-133.

[83] Luxen D,Vetter C. Real-time routing with OpenStreetMap data[C]//Proceedings of the 19th ACM SIGSPATIAL international conference on advances in geographic information systems. 2011:513-516.

[84] Manning C D,Raghavan P,Schütze H. Introduction to information retrieval[M]. Cambridge university press,2008.

[85] Matthew Carlyle W,Kevin Wood R. Near-shortest and K-shortest simple paths[J]. Networks:An International Journal,2005,46(2):98-109.

[86] Mehlhorn K,Ziegelmann M. Resource constrained shortest paths[C]//European Symposium on Algorithms. Springer,Berlin,Heidelberg,2000:326-337.

[87] Milenova B L,Campos M M. O-cluster:Scalable clustering of large high dimensional data sets [C]//2002 IEEE International Conference on Data Mining, 2002. Proceedings. IEEE,2002:290-297.

[88] Mokbel M F,Xiong X,Aref W G. SINA:Scalable incremental processing of continuous queries in spatio-temporal databases[C]//Proceedings of the 2004 ACM SIGMOD international conference on Management of data. 2004:623-634.

[89] Monreale A,Pinelli F,Trasarti R,et al. Wherenext:a location predictor on trajectory pattern mining[C]//Proceedings of the 15th ACM SIGKDD international conference on Knowledge discovery and data mining. 2009:637-646.

[90] Mouratidis K,Papadias D,Bakiras S,et al. A threshold-based algorithm for continuous monitoring of k nearest neighbors[J]. IEEE Transactions on Knowledge and Data Engineering, 2005,17(11):1451-1464.

[91] Mouratidis K,Papadias D,Hadjieleftheriou M. Conceptual partitioning:An efficient method for continuous nearest neighbor monitoring[C]//Proceedings of the 2005 ACM SIGMOD international conference on Management of data. 2005:634-645.

[92] Mouratidis K,Yiu M L,Papadias D,et al. Continuous nearest neighbor monitoring in road networks[C]//Proceedings of the 32nd international conference on Very large data bases. VLDB Endowment,2006:43-54.

[93] Myllymaki J,Kaufman J. High-performance spatial indexing for location-based services[C]//Proceedings of the 12th international conference on World Wide Web. 2003:112-117.

[94] Nutanong S,Zhang R,Tanin E,et al. The v*-diagram:a query-dependent approach to moving knn queries[J]. Proceedings of the VLDB Endowment,2008,1(1):1095-1106.

［95］ Papadias D, Zhang J, Mamoulis N, et al. Query processing in spatial network databases［C］//Proceedings 2003 VLDB Conference. Morgan Kaufmann, 2003: 802-813.

［96］ Prabhakar S, Xia Y, Kalashnikov D V, et al. Query indexing and velocity constrained indexing: Scalable techniques for continuous queries on moving objects［J］. IEEE Transactions on Computers, 2002, 51(10): 1124-1140.

［97］ Qu M, Zhu H, Liu J, et al. A cost-effective recommender system for taxi drivers ［C］//Proceedings of the 20th ACM SIGKDD international conference on Knowledge discovery and data mining. 2014: 45-54.

［98］ Rae A, Murdock V, Popescu A, et al. Mining the web for points of interest［C］// Proceedings of the 35th international ACM SIGIR conference on Research and development in information retrieval. 2012: 711-720.

［99］ Reiher P, Popek J, Gunter M, et al. Peer-to-peer reconciliation based replication for mobile computers［C］//European Conference on Object Oriented Programming, Second Workshop on Mobility and Replication. 1996.

［100］ Richa R, Balicki M, Sznitman R, et al. Vision-based proximity detection in retinal surgery［J］. IEEE transactions on biomedical engineering, 2012, 59(8): 2291-2301.

［101］ Rigaux P, Scholl M, Voisard A. Spatial Databases with application to GIS［J］. SIGMOD Record, 2003, 32(4): 111.

［102］ Samaras G, Pitsillides A. Client/intercept: a computational model for wireless environments ［C］//Proc. 4th International Conference on Telecommunications (ICT'97), Melbourne, Australia. 1997.

［103］ Location-based services［M］. Elsevier, 2004.

［104］ Schulz F, Wagner D, Zaroliagis C. Using multi-level graphs for timetable information in railway systems［C］//Workshop on Algorithm Engineering and Experimentation. Springer, Berlin, Heidelberg, 2002: 43-59.

［105］ Sellis T, Roussopoulos N, Faloutsos C. The R+-Tree: A Dynamic Index for Multi-Dimensional Objects［R］. 1987.

［106］ Shekhar S, Yang K S, Gunturi V M V, et al. Experiences with evacuation route planning algorithms［J］. International Journal of Geographical Information Science, 2012, 26(12): 2253-2265.

［107］ Sneyers J, Schrijvers T, Demoen B. Dijkstra's algorithm with Fibonacci heaps: An executable description in CHR［J］. CW Reports, 2005: 13-13.

［108］ Song X, Zhang Q, Sekimoto Y, et al. Prediction of human emergency behavior and their mobility following large-scale disaster［C］//Proceedings of the 20th ACM SIGKDD international conference on Knowledge discovery and data mining. 2014: 5-14.

［109］ Song Y, Yao E, Zuo T, et al. Emissions and fuel consumption modeling for evaluating environmental effectiveness of ITS strategies[J]. Discrete Dynamics in Nature and Society, 2013,2013.

［110］ Spyrou C, Samaras G, Pitoura E, et al. Wireless computational models: Mobile agents to the rescue[C]//Proceedings. Tenth International Workshop on Database and Expert Systems Applications. DEXA 99. IEEE,1999:127-133.

［111］ Spyrou C, Samaras G, Pitoura E, et al. Mobile agents for wireless computing: the convergence of wireless computational models with mobile-agent technologies[J]. Mobile Networks and Applications,2004,9(5):517-528.

［112］ Storandt S. Quick and energy-efficient routes: computing constrained shortest paths for electric vehicles[C]//Proceedings of the 5th ACM SIGSPATIAL international workshop on computational transportation science. 2012:20-25.

［113］ Sun Y, La Porta T F, Kermani P. A flexible privacy-enhanced location-based services system framework and practice[J]. IEEE Transactions on Mobile Computing,2008,8(3):304-321.

［114］ Tan P N, Steinbach M, Kumar V. Introduction to data mining[M]. Pearson Education India,2016.

［115］ Tielert T, Rieger D, Hartenstein H, et al. Can V2X communication help electric vehicles save energy? [C]//2012 12th International Conference on ITS Telecommunications. IEEE,2012:232-237.

［116］ Treu G, Küpper A. Efficient proximity detection for location based services[C]//Workshop on Positioning, Navigation and Communication (WPNC). 2005.

［117］ Treu G, Wilder T, Küpper A. Efficient proximity detection among mobile targets with dead reckoning[C]//Proceedings of the 4th ACM international workshop on Mobility management and wireless access. 2006:75-83.

［118］ Wang H, Fu L, Zhou Y, et al. Modelling of the fuel consumption for passenger cars regarding driving characteristics[J]. Transportation Research Part D: Transport and Environment,2008,13(7):479-482.

［119］ Wang H, Terrovitis M, Mamoulis N. Location recommendation in location-based social networks using user check-in data[C]//Proceedings of the 21st ACM SIGSPATIAL International Conference on Advances in Geographic Information Systems. 2013:374-383.

［120］ Wang Y, Zheng Y, Xue Y. Travel time estimation of a path using sparse trajectories[C]//Proceedings of the 20th ACM SIGKDD international conference on Knowledge discovery and data mining. 2014:25-34.

［121］ Wannous R, Malki J, Bouju A, et al. Modelling mobile object activities based on trajectory ontology rules considering spatial relationship rules[M]//Modeling approaches and algorithms for advanced computer applications. Springer, Cham, 2013:249-258.

[122] Winter S. Modeling costs of turns in route planning[J]. GeoInformatica, 2002, 6 (4):345-361.

[123] Wolfson O, Sistla P, Dao S, et al. View maintenance in mobile computing[J]. ACM Sigmod Record, 1995, 24(4):22-27.

[124] Xiang L, Yuan Q, Zhao S, et al. Temporal recommendation on graphs via long-and short-term preference fusion [C]//Proceedings of the 16th ACM SIGKDD international conference on Knowledge discovery and data mining. 2010:723-732.

[125] Xiong X, Mokbel M F, Aref W G. Sea-cnn: Scalable processing of continuous k-nearest neighbor queries in spatio-temporal databases [C]//21st International Conference on Data Engineering (ICDE'05). IEEE, 2005:643-654.

[126] Xu Z, Jacobsen A. Adaptive location constraint processing[C]//Proceedings of the 2007 ACM SIGMOD international conference on Management of data. 2007:581-592.

[127] Yan Z, Chakraborty D. Semantics in Mobile Sensing (Synthesis Lectures on the Semantic Web: Theory and Technology)[J]. San Rafael, CA, USA: Morgan & Claypool Publishers (May 1, 2014), 2014.

[128] Yang Y, Gao H, Yu J X, et al. Finding the cost-optimal path with time constraint over time-dependent graphs[J]. Proceedings of the VLDB Endowment, 2014, 7(9):673-684.

[129] Ye M, Yin P, Lee W C, et al. Exploiting geographical influence for collaborative point-of-interest recommendation[C]//Proceedings of the 34th international ACM SIGIR conference on Research and development in Information Retrieval. 2011: 325-334.

[130] Ye Y, Zheng Y, Chen Y, et al. Mining individual life pattern based on location history[C]//2009 tenth international conference on mobile data management: systems, services and middleware. IEEE, 2009:1-10.

[131] Yin H, Sun Y, Cui B, et al. LCARS: a location-content-aware recommender system[C]// Proceedings of the 19th ACM SIGKDD international conference on Knowledge discovery and data mining. 2013:221-229.

[132] Ying J J C, Lee W C, Weng T C, et al. Semantic trajectory mining for location prediction [C]//Proceedings of the 19th ACM SIGSPATIAL international conference on advances in geographic information systems. 2011:34-43.

[133] Ying J J C, Lu E H C, Lee W C, et al. Mining user similarity from semantic trajectories [C]//Proceedings of the 2nd ACM SIGSPATIAL International Workshop on Location Based Social Networks. 2010:19-26.

[134] Yiu M L, Šaltenis S, Tzoumas K. Efficient proximity detection among mobile users via self-

tuning policies[J]. Proceedings of the VLDB Endowment,2010,3(1-2):985-996.

[135]　Yu X, Pu K Q, Koudas N. Monitoring k-nearest neighbor queries over moving objects[C]//21st International Conference on Data Engineering (ICDE' 05). IEEE,2005:631-642.

[136]　Yuan J,Zheng Y,Zhang C,et al. T-drive:driving directions based on taxi trajectories[C]//Proceedings of the 18th SIGSPATIAL International conference on advances in geographic information systems. 2010:99-108.

[137]　Yuan Q, Cong G, Ma Z, et al. Time-aware point-of-interest recommendation[C]//Proceedings of the 36th international ACM SIGIR conference on Research and development in information retrieval. 2013:363-372.

[138]　Zaïane O R,Foss A,Lee C H,et al. On data clustering analysis:Scalability,constraints,and validation[C]//Pacific-Asia Conference on Knowledge Discovery and Data Mining. Springer,Berlin,Heidelberg,2002:28-39.

[139]　Zhang J,Zhu M,Papadias D,et al. Location-based spatial queries[C]//Proceedings of the 2003 ACM SIGMOD international conference on Management of data. 2003:443-454.

[140]　Zhang R, Lin D, Ramamohanarao K, et al. Continuous intersection joins over moving objects [C]//2008 IEEE 24th International Conference on Data Engineering. IEEE,2008:863-872.

[141]　Zheng V W, Zheng Y, Xie X, et al. Towards mobile intelligence:Learning from GPS history data for collaborative recommendation[J]. Artificial Intelligence, 2012,184:17-37.

[142]　Zheng Y, Zhang L, Xie X, et al. Mining correlation between locations using human location history[C]//Proceedings of the 17th ACM SIGSPATIAL international conference on advances in geographic information systems. 2009:472-475.

[143]　Zheng Y, Zhang L, Xie X, et al. Mining interesting locations and travel sequences from GPS trajectories[C]//Proceedings of the 18th international conference on World wide web. 2009:791-800.

[144]　Zhou C, Bhatnagar N, Shekhar S, et al. Mining personally important places from GPS tracks[C]//2007 IEEE 23rd International Conference on Data Engineering Workshop. IEEE,2007:517-526.

[145]　Zhou C,Frankowski D,Ludford P,et al. Discovering personal gazetteers:an interactive clustering approach[C]//Proceedings of the 12th annual ACM international workshop on Geographic information systems. 2004:266-273.

[146]　Zimdars A,Chickering D M,Meek C. Using temporal data for making recommendations[J]. arXiv preprint arXiv:1301.2320,2013.

[147]　Andersen O, Jensen C S, Torp K, et al. Ecotour:Reducing the environmental footprint of vehicles using eco-routes[C]//2013 IEEE 14th International Conference on

Mobile Data Management. IEEE,2013,1:338-340.

[148] Delling D,Goldberg A V,Pajor T,et al. Customizable route planning[C]//International Symposium on Experimental Algorithms. Springer,Berlin,Heidelberg,2011:376-387.

[149] Desrochers M, Soumis F. A generalized permanent labelling algorithm for the shortest path problem with time windows[J]. INFOR: Information Systems and Operational Research,1988,26(3):191-212.

[150] Duckham M,Kulik L. "Simplest" paths: automated route selection for navigation [C]//International Conference on Spatial Information Theory. Springer, Berlin, Heidelberg,2003:169-185.

[151] Dumitrescu I,Boland N. Algorithms for the weight constrained shortest path problem [J]. International Transactions in Operational Research,2001,8(1):15-29.

[152] Garey M R. Computers and intractability: A guide to the theory of np-completeness[J]. Revista Da Escola De Enfermagem Da USP,1979,44(2):340.

[153] Guo C,Yang B,Andersen O,et al. Ecomark 2. 0: empowering eco-routing with vehicular environmental models and actual vehicle fuel consumption data[J]. GeoInformatica,2015,19 (3):567-599.

[154] Kanoulas E,Du Y,Xia T,et al. Finding fastest paths on a road network with speed patterns [C]//22nd International Conference on Data Engineering (ICDE'06). IEEE,2006:10-10.

[155] Shang J,Zheng Y,Tong W,et al. Inferring gas consumption and pollution emission of vehicles throughout a city[C]//Proceedings of the 20th ACM SIGKDD international conference on Knowledge discovery and data mining. 2014:1027-1036.

[156] Storandt S. Algorithms for vehicle navigation[J]. 2012.

[157] Wu B Y. A simpler and more efficient algorithm for the next-to-shortest path problem[J]. Algorithmica,2013,65(2):467-479.

[158] Yuan J,Zheng Y,Xie X,et al. Driving with knowledge from the physical world[C]// Proceedings of the 17th ACM SIGKDD international conference on Knowledge discovery and data mining. 2011:316-324.

[159] Kazemitabar S J,Banaei-Kashani F,Kazemitabar S J,et al. Efficient batch processing of proximity queries by optimized probing[C]//Proceedings of the 21st ACM SIGSPATIAL International Conference on Advances in Geographic Information Systems. 2013:84-93.

[160] Xu Z,Jacobsen H A. Processing proximity relations in road networks[C]//Proceedings of the 2010 ACM SIGMOD international conference on management of data. 2010:243-254.

[161] Thajchayapong S,Peha J M. Mobility patterns in microcellular wireless networks [J]. IEEE Transactions on Mobile Computing,2003,5(1):52-63.

[162] Claveirole T,Boc M,De Amorim M D. An empirical analysis of Wi-Fi activity in three urban scenarios [C]//2009 IEEE International Conference on Pervasive Computing and Communications. IEEE,2009:1-6.

[163] Killijian M O. Next place prediction using mobility Markov chains[C]// The Workshop on Measurement, Privacy, and Mobility. ACM, 2012. 3:1-6.

[164] Vu L, Do Q, Nahrstedt K. Exploiting JointWifi/Bluetooth Trace to Predict People Movement[J]. 2010.

[165] Wang H, Calabrese F, Lorenzo G D, et al. Transportation mode inference from anonymized and aggregated mobile phone call detail records[C]// International IEEE Conference on Intelligent Transportation Systems. IEEE, 2010:318-323.

[166] 王燕. 应用时间序列分析[M]. 北京:中国人民大学出版社,2006.

[167] Gavirangaswamy V B, Gupta G, Gupta A, et al. Assessment of ARIMA-based prediction techniques for road-traffic volume[J]. 2013:246-251.

[168] Jonathan D. Cryer, Kung-Sik Chan. 时间序列分析及应用—R 语言[M]. 2 版. 潘红宇,等译. 北京:机械工业出版社,2010.

[169] George E P B, Gwily M. J, Gregor C R. 时间序列分析:控制与分析[M]. 王成璋,尤梅芳,赫杨,译. 北京:机械工业出版社,2011.

[170] Hag H M A E, Sharif S M. An adjusted ARIMA model for internet traffic[C]// Africon. IEEE, 2007:1-6.

[171] Tran N, Reed D A. ARIMA time series modeling and forecasting for adaptive I/O prefetching[C]// International Conference on Supercomputing. ACM, 2001:473-485.

[172] Luo C, Wei Q, Zhou L, et al. Prediction of Vegetable Price Based on Neural Network and Genetic Algorithm[M]// Computer and Computing Technologies in Agriculture IV. Springer Berlin Heidelberg, 2011:672-681.

[173] Dietz S. Autoregressive Neural Network Processes-Univariate, Multivariate and Cointegrated Models with Application to the German Automobile Industry[J]. 2011.

[174] Hu Y C, Patel M, Sabella D, et al. Mobile edge computing—A key technology towards 5G[J]. ETSI white paper, 2015, 11(11):1-16.

[175] Ahmed A, Ahmed E. A Survey on Mobile Edge Computing[C]// 10th IEEE International Conference on Intelligent Systems and Control, (ISCO 2016). IEEE, 2016.

[176] Li H, Shou G, Hu Y, et al. Mobile Edge Computing:Progress and Challenges[C]// 2016 4th IEEE International Conference on Mobile Cloud Computing, Services, and Engineering (MobileCloud). IEEE, 2016.

[177] Davy S, Famaey J, Serrat J, et al. Challenges to support edge-as-a-service[J]. IEEE Communications Magazine, 2014, 52(1):132-139.

[178] Rost P, Bernardos C J, Domenico A D, et al. Cloud technologies for flexible 5G radio access networks[J]. IEEE Communications Magazine, 2014, 52(5):68-76.

［179］ 张平,陶运铮,张治. 5G 若干关键技术评述[J]. 通信学报,2016,37(7):15-29.

［180］ 5G Vision - The 5G Infrastructure Public Private Partnership:the next generation of communication networks and services. The 5G Infrastructure Public Private Partnership. ［EB/OL］. ［2015-02］. https://5g-ppp. eu/wp-content/uploads/2015/02/5G-Vision-Brochure v1. pdf.

［181］ Maier,Martin,Rimal,et al. Mobile Edge Computing Empowered Fiber-Wireless Access Networks in the 5G Era[J]. IEEE Communications Magazine Articles News & Events of Interest to Communications Engineers,2017.

［182］ 田辉,范绍帅,吕昕晨,等. 面向 5G 需求的移动边缘计算[J]. 北京邮电大学学报, 2017(02):5-14.

［183］ Liu Y,Seah H S,Shou G. Cost-Optimal Time-dEpendent Routing with Time and Speed Constraints in Directed Acyclic Road Networks[J]. International Journal of Information Technology & Decision Making,2016,15(06):1413-1450.

［184］ Liu Y,Seah H S,Shou G. Constrained energy-efficient routing in time-aware road networks[J]. GeoInformatica,2017,21(1):89-117.

［184］ Zhang X,Liu Y,Guo Z,et al. Mobile brand analysis based on WiFi hotspots on campus［C］//2017 12th International Conference on Computer Science and Education (ICCSE). IEEE,2017:121-126.

［185］ Liu Y,Shou G,Hu Y,et al. Towards a smart campus:Innovative applications with WiCloud platform based on mobile edge computing［C］//2017 12th International Conference on Computer Science and Education (ICCSE). IEEE,2017:133-138.

［186］ Wang S,Hu Y,Liu Y,et al. Student clustering and learning atmosphere analysis based on trajectory data［C］//2017 12th International Conference on Computer Science and Education (ICCSE). IEEE,2017:208-213.